数据科学方法及应用系列

数值计算方法实验教程

朱娟萍　编

科学出版社

北京

内 容 简 介

本书是一本针对数值计算方法的实验课程的指导用书. 全书共 8 章, 包括数值计算常用软件 (MATLAB、C++、Python) 介绍、非线性方程求根实验、线性方程组的直接解法实验、线性方程组的迭代解法实验、函数的插值法实验、曲线拟合实验、数值积分实验、矩阵特征值与特征向量的计算实验. 全书注重数值计算问题的求解算法思路、算法实现及实现过程中会碰到的各种数值问题, 以及算法代码的通用性.

本书适合普通高等院校数学类各专业及理工科高年级学生和研究生使用, 也可供相关科技人员参考, 要求具备基本的编程基础.

图书在版编目(CIP)数据

数值计算方法实验教程/朱娟萍编. —北京：科学出版社，2021.5
(数据科学方法及应用系列)

ISBN 978-7-03-068739-5

Ⅰ. ①数… Ⅱ. ①朱… Ⅲ. ①数值计算-计算方法-实验-教材 Ⅳ. ①O241-33

中国版本图书馆 CIP 数据核字 (2021) 第 082830 号

责任编辑: 姚莉丽 李香叶 / 责任校对: 杨聪敏
责任印制: 赵 博 / 封面设计: 陈 敬

科学出版社 出版
北京东黄城根北街 16 号
邮政编码：100717
http://www.sciencep.com

北京凌奇印刷有限责任公司印刷

科学出版社发行 各地新华书店经销

*

2021 年 5 月第 一 版 开本: 720 × 1000 1/16
2025 年 1 月第三次印刷 印张: 10
字数: 200 000

定价: 35.00 元

(如有印装质量问题, 我社负责调换)

PREFACE

丛书序

随着现代科学技术的快速发展, 人们收集数据的能力愈来愈强, 数据分析与处理愈加受到生命科学、经济学、保险学、材料科学、流行病学、天文学等学科和相关行业的关注. 特别是, 随着大数据时代的到来, 传统的统计推断理论和方法, 如非独立同分布数据、结构化和非结构化及半结构化数据以及分布式数据等, 面临前所未有的挑战. 因此, 许多新的统计推断理论、方法和算法应运而生. 同时, 计算机及其数据分析处理软件在这些学科中的应用扮演着越来越重要的角色, 它们提供了更加灵活多样的图示、数据可视化和数据分析方法, 使得传统教科书中有些原本重要的内容变得无足轻重. 本系列教材旨在将最新发展的统计推断方法和算法、数据分析处理技能及其实现软件融入其中, 实现教学相长, 提高学生分析处理数据的能力.

当前高等教育对本科实践教学提出的高要求促使我们思考：如何让学生从实际问题出发、从数据出发并借助统计工具和数值计算算法揭示、挖掘隐藏在数据内部的规律？如何通过“建模”思想、实验教学等途径有效地帮助学生理解、掌握某一特定领域的知识、理论、算法及其改进？为满足应用统计学、社会经济统计、数据科学与大数据技术、大数据管理与应用等专业教育教学发展的需要, 在科学出版社的大力支持下, 云南大学相关课程教师经过多年的教学实践、探索和创新, 编写出版一套面向高等院校本科生、以实验教学为主的系列教材. 本套丛书涵盖应用统计学、社会经济统计、数据科学与大数据技术等专业课程, 以当前多种主流软件 (如 Eviews、R、MATLAB、SPSS、C++, Python 等) 为实验平台, 培养学生的动手能力和实验技能以及运用所学知识解决某一特定领域实际问题的能力.

本系列教材的宗旨是：突显教学内容的先进性、时代性, 适应大数据时代教育教学特点和时代发展的新要求; 注重教材的实用性、科学性、趣味性、思政元素、案例分析, 便于教学和自学. 编写的原则是：(1) 以实验为主, 具有较强的实用价值; (2) 强调从实际问题出发展开理论分析, 例题和案例选取尽可能贴近学生、贴近生活、贴近国情; (3) 重统计建模、统计算法、“数据” 以及某一特定领域知识, 弱数学理论推导; (4) 力求弥合统计理论、数值计算、编程和专业领域之间的空隙.

此外, 各教材在材料组织和行文脉络上又各具特色.

本系列教材适用于应用统计学、社会经济统计学、数据科学与大数据技术、信息与计算科学、大数据管理与应用等专业的本科生, 也适用于经济、金融、保险、管理类等相关专业的本科生以及实际工作部门的相关技术人员.

我们相信, 本系列教材的出版, 对推动大数据时代实用型教材建设, 是一件有益的事情. 同时, 也希望它的出版对我国大数据时代相关学科建设和发展起到一种促进作用, 促进大家多关心大数据时代实用型教材建设, 写出更多高水平的、符合时代发展需求和我国国情的大数据分析处理的教材来.

2021 年 4 月 29 日于云南昆明

前言

PREFACE

当今大数据时代下的社会发展促使着各学科之间的融合交叉, 各个领域越来越多地依赖有效的数值手段. 一方面, 如何有效地将数值计算方法的理论及实践与其他领域有机地融合并相互促进, 如何有效地将数值手段结合大数据综合解决实际问题, 需要我们对数值计算方法实验课程的教学进行深入思考. 另一方面, 随着计算机编程在高等教育中的普及与发展, 学生掌握的主流编程语言越来越丰富, 对数值计算相关实验课程的编程语言以及实验内容的要求越来越高; 同时学生对用数值计算方法解决实际问题的主动需求越来越高. 因此, 本书旨在通过数值计算方法课程实验教学环节有效地帮助学生理解数值计算问题产生的背景, 加深对数值计算问题基础理论和算法设计的认知; 学生通过实验的可视化展示清晰地理解当前算法存在的不足, 并由实验驱动提出相应的改进方案; 鼓励学生用所学的数值计算方法的理论与手段去解决实际问题.

本书侧重数值计算问题的求解算法思路、算法的实现及实现过程中会碰到的各种数值问题、算法代码的通用性. 本书的算法实现并不偏向某一具体数值例题的求解, 而强调一类问题的算法求解及代码的通用性; 注重对数值问题算法的彻底理解, 强调数值计算中常用的数值技巧. 因此本书不仅能提供学生常用的数值问题算法思路和代码, 还能培养学生数值计算的编程素养以及提供与其他学科融合的一个数值平台或者编程工具箱. 同时, 教程为算法实现提供三种当前主流数值计算编程语言 (MATLAB、C++、Python) 的代码, 解决当前学生不同编程语言偏好的需求.

本书共 8 章, 第 1 章介绍当前三种主流数值计算软件, 其余每章结构组成: ① 学习指导, 简要介绍本章理论知识点, 包括重点和难点; ② 实验指导, 包括实验目的、实验内容、数值问题算法分析 (算法实施过程中常见的问题及注意事项)、参考程序 (三种编程语言 MATLAB、C++、Python). 教程中有 * 标注的部分, 作为可选内容.

本书是编者在总结多年数值计算方法实验指导经验的基础上编写而成的, 既可作为高等学校理工类相关专业的实验教程指导, 也可供相关科技人员参考. 本教程主要由朱娟萍编写, 徐晓峰、谢豪、颜嘉鹏、黄岱峰、施忻雨等同学承担了参考程序的编写及调试工作.

由于作者学识有限, 书中难免有不足之处, 敬请读者批评指正.

编　者

2020 年 11 月 27 日

目 录

CONTENTS

第 1 章 数值计算常用软件介绍

随着计算机的广泛应用和发展, 科学研究和工程技术领域都要用到各种数值计算方法, 如航天航空、地质勘探、汽车制造、桥梁设计、天气预报等. 当前热门的机器学习和数据挖掘领域也是以数值计算为基础. 数值计算方法主要研究使用计算机有效地求数学问题近似解的方法、过程以及相关理论, 即研究如何利用计算机更好地解决各种数学问题, 故数值计算方法成为数学与计算机之间的桥梁. 数值计算方法课程需要进行大量的上机实验, 目前比较流行的数值计算软件主要有 MATLAB、C/C++ 和 Python, 它们各自针对不同的需求而开发, 具有不同的特色和功能, 下面分别简单介绍.

1.1 MATLAB 语言简介

MATLAB 是 Matrix & Laboratory 两个词的组合, 意为矩阵实验室, 是美国 MathWorks 公司出品的商业数学软件. MATLAB 的发展经历了漫长的过程, 初版 MATLAB 并不是编程语言, 只是一个简单的交互式矩阵计算器, 只能进行简单的矩阵运算, 如矩阵转置、计算行列式和特征值, 没有程序、工具箱和图形化等. MATLAB 最初是由莫勒 (Moler) 用 FORTRAN 语言编写的, 利特尔 (Little) 和班格特 (Bangert) 花了约一年半的时间用 C 语言重新编写了 MATLAB 并增加了一些新功能. 1984 年, 杰克・利特尔、克利夫・莫勒和史蒂夫・班格特合作成立了 MathWorks 公司, 正式把 MATLAB 推向市场.

MATLAB 的应用领域广泛, 包括数据分析、数值与符号计算、工程与科学绘图、控制系统设计、航天工业、汽车工业、生物医学工程、语音处理、图像与数字信号处理、财务、金融分析、建模仿真等. MATLAB 适合广大理工科大学生和教师、从事相关领域的工程人员和研究人员使用. MATLAB 是一种高级程序设计语言, 提供交互式程序设计环境, 可用于算法开发、数据可视化及数据分析等.

MATLAB 的基本运算单元为矩阵, 其指令表达形式与数学、工程中常用的自然化语言表达形式十分相似, 用更直观的、符合人们思维习惯的代码, 代替了 C 语言和 FORTRAN 语言的冗长代码, 其优势在于:

1) 语言简洁紧凑, 使用方便灵活, 库函数极其丰富. MATLAB 程序书写形式自由, 利用其丰富的库函数, 压缩了一切不必要的编程工作.

2) MATLAB 语法限制不严格, 程序设计自由度大. 例如, 用户无须对矩阵进行预定义.

3) MATLAB 的图形功能强大. 在 FORTRAN 语言和 C 语言里, 绘图都很不容易, 但在 MATLAB 里, 数据的可视化非常简单. 同时, MATLAB 还具有较强的编辑图形界面的能力.

4) 功能强劲的工具箱是 MATLAB 的另一特色. MATLAB 工具箱可分为两类: 功能性工具箱和学科性工具箱. 功能性工具箱主要用来扩充其符号计算功能、图示建模仿真功能以及与硬件实时交互功能等. 学科性工具箱能用于多种学科, 其专业性比较强, 目前深入到科学研究和工程计算的各个领域.

MATLAB 摆脱了传统非交互式程序设计语言 (如 C、FORTRAN) 的编辑模式, 将数值分析、矩阵计算、科学数据可视化等强大功能集成在一个易于使用的交互式环境中, 为众多科学领域进行有效数值计算提供了一种全面的解决方案. MATLAB 语言像 FORTRAN 和 C 语言一样规定了矩阵的算术运算符和关系运算符等运算符, 而且这些运算符大部分可以毫无改变地照搬到数组间的运算. 另外, 它不需定义数组的维数, 并给出矩阵函数、特殊矩阵专门的库函数, 使之在求解数值计算问题时显得大为简捷、高效、方便, 这是其他高级语言所不能比拟的.

MATLAB 支持的系统包括 Windows、LINUX 和 MacOS, 目前最新版本是 MATLAB R2020a.

1.2　C/C++ 语言简介

C 语言在 20 世纪 70 年代初问世, 1978 年美国 AT&T 贝尔实验室正式发表了 C 语言. C 语言是当今最流行的程序设计语言之一, 集高级语言和低级语言的功能于一体. 在 C 语言的基础上, 1983 年贝尔实验室推出了 C++, 进一步扩充和完善了 C 语言. C++ 具体的实现则由不同的平台完成, 如今主流的平台有 GCC/G++、LLVM/Clang 以及 MSVC(Microsoft 公司的编译平台) 等. 以上三种是 C++ 的编译器, 它们可以独立完成 C++ 的编译. 但是如果借助于 IDE(集成开发环境) 可以更高效地完成 C++ 的开发, 主要的 IDE 有 Microsoft 公司的 Visual Studio、Apple 公司的 Xcode、JetBrains 的 Clion 等.

C/C++ 用户包括研究人员、工程人员、专业程序人员等. C 语言作为抽象化的通用程序设计语言, 广泛应用于底层开发. 由于兼容了 C 语言的特性, C++ 可以解决接近硬件层的程序, 同时结合了面向对象的功能, 所以 C++ 可以快速开发大型程序. C/C++ 理论上可以解决所有问题, 由于 C/C++ 更接近计算机底层的特性, 所以其有着极高的运行效率. 在设计数据量庞大或复杂度极高的问题时, C/C++ 的运算效率远高于其他语言. 由于 C/C++ 代码严谨度极高, 标准定义非常细致, 对各种情况几乎都有对应的规则, 同时开放程度高, 所以具有极大的灵活性, 可以解决各种各样其他语言解决不了的问题. 尽管 C/C++ 语言提供了许多低级处理的功能, 但仍然保持着跨平台的特性.

虽然 C/C++ 灵活, 但牺牲了高抽象特性, 所以其开发效率相对其他语言稍显不足. 理论上所有的数值计算问题都可以用 C/C++ 解决, 相对于其他更高级语言如 Python、MATLAB 等, 抽象程度差的特点表现相对明显. 在解决同一数值问题时, C/C++ 在编写代码上要付出更多的工作量, 但总的来说 C/C++ 进行数值计算时的运算速度具有很大优势.

C++ 最新标准版本是 C++17 以及即将发布的 C++20. GCC/G++ 是当今使用最广泛的编译平台, 可运行在 UNIX、LINUX 和 MacOS 等绝大多数平台, 借助于 MingW 平台可运行在 Windows 上.

1.3 Python 语言简介

1989 年圣诞节期间, 荷兰人吉多 • 范罗苏姆 (Guido van Rossum) 为打发圣诞节的无趣开发了一种新的脚本解释程序 Python, 目前 Python 已成为最受欢迎的程序设计语言之一.

Python 的语法极其简洁, 保留字只有 33 个, 远远少于 C++ 的 62 个. 它摒弃使用大括号来划分代码段, 它使用代码缩进, 并且避免了很多处不必要的括号使用. 清晰划一的风格使得 Python 成为一门易读易维护的语言, 因此很快得到许多研究机构的青睐. Python 支持面向对象的编程技术, 十分便于维护; Python 支持网络编程及多线程编程, 能构建大型应用程序或网站. 由于海量的第三方库支持, Python 在各个领域发挥着巨大的作用. 专业的计算机科学扩展库如著名的计算机视觉库 OpenCV、三维可视化库 VTK、医学图像处理库 ITK. 此外, Python 的运行不需要软件环境, 仅仅只需要解释器, 拥有解释器的操作系统都能运行 Python 代码, 因此具有极好的可移植性.

在科学计算领域, 首先会提及的是 MATLAB. 除了一些专业性很强的工具箱目前无法被替代外, MATLAB 大部分的常用功能都可以在 Python 中找到相应的扩展库. 许多工程上的科学计算软件包都提供了 Python 的调用接口, 如经典的 NumPy、SciPy 和 Matplotlib. 其中, NumPy 库在矩阵运算方面进行了大量的优化, 提供了快速数组处理功能; SciPy 库包含数值计算的多种算法; Matplotlib 库提供了绘图功能, 能够将数据可视化. 由于 NumPy、SciPy、Matplotlib 库的支持, Python 能轻松处理海量数据, 广泛应用于人工智能、深度学习等领域. 世界上第一张黑洞照片便是用 Python 进行数据分析后还原出来的. 此外, Python 自带大整数运算优化以及运算符重载, 不需要第三方库的支持, 在数论、密码学等领域中拥有得天独厚的优势.

Python 适用于 Windows、LINUX/UNIX 和 MacOS 等多种平台, 完全免费并且开放源码, 最新版本是 3.9.0 Beta 3 测试版本, 稳定版本为 3.8.

第2章 非线性方程求根

2.1 学习指导

2.1.1 重点

1. 根的概念

给定非线性方程 $f(x)=0$, 如果有 x^* 使得 $f(x^*)=0$, 则称 x^* 为 $f(x)=0$ 的根或 $f(x)$ 的零点. 掌握单根和重根的定义及有关非线性方程的重要结论.

2. 二分法

掌握二分法的基本原理、构造方法、算法步骤及收敛性定理; 掌握二分法的适用范围, 理解二分法的收敛速度及二分法的优缺点; 熟练二分法求多根的改进及试位法的算法原理.

3. 简单迭代法

掌握简单迭代法的产生原理、迭代格式的构造、算法步骤及迭代法收敛性定理; 掌握简单迭代法的适用范围及该法的优缺点; 掌握艾特肯 (Aitken) 加速收敛法的构造.

4. 牛顿法

掌握牛顿 (Newton) 法的几何构造原理、牛顿法的迭代格式、收敛性定理及算法步骤; 掌握牛顿法的优缺点及常用改进方法: 重根加速收敛法、割线法、牛顿下山法.

2.1.2 难点

了解压缩映射原理, 用于简单迭代法的收敛性分析; 理解牛顿法收敛性判定; 了解迭代法收敛的概念以及简单的判定方法.

2.2 实验指导

2.2.1 实验目的

掌握常用的求非线性方程近似根的数值方法, 用所学方法求非线性方程满足指定精度要求的数值解, 比较各种方法的异同点并进行收敛性分析.

2.2.2 实验内容

1) 编程实现二分法寻找非线性方程 $f(x)=0$ 的多根.

2) 编程实现艾特肯方法求解非线性方程 $f(x)=0$ 的根, 以加速简单迭代法的收敛.

3) 编程实现牛顿法求解非线性方程 $f(x)=0$ 的根.

2.2.3 算法分析

迭代法是求非线性方程近似根的一种常用算法设计方法, 不断地用变量的旧值递推新值, 二分法和牛顿法也属于迭代法. 构造任何迭代法, 需处理好以下三个方面：

(1) 确定迭代变量并赋初值. 在迭代过程中, 至少存在一个直接或间接的变量, 不断由旧值推出新值.

(2) 建立迭代公式. 如何从迭代变量的前一个值推出下一个值, 这是解决迭代问题的关键.

(3) 确定迭代终止条件. 求解非线性方程的根一般设置三个迭代终止条件：

a. 指定精度 $\varepsilon_1>0$. 若 $|f(x)|>\varepsilon_1$, 则继续迭代;

b. 指定精度 $\varepsilon_2>0$. 若相邻迭代近似根的距离大于 ε_2, 则继续迭代;

c. 设定最大迭代次数 N. 若执行次数超过 N 还不能满足精度要求, 终止迭代提示算法不收敛.

在具体使用迭代法求根时可能发生：

(1) 如果方程无解, 算法求出的近似根序列不会收敛, 迭代过程会造成死循环. 因此在使用迭代算法之前应先考察方程是否有界, 并设置最大迭代次数.

(2) 方程虽然有解, 但迭代格式选择不当, 或初始值选择不合理, 也会导致迭代失败.

1. 二分法求解非线性方程的根

二分法算法基本思想：判定 $f(x)$ 在区间 $[a_k,b_k]$ 上是否满足 $f(a_k)f(b_k)<0$, 取中点 $x_k=\dfrac{1}{2}(a_k+b_k)$, 逐步对半缩小有根区间得 $[a_{k+1},b_{k+1}]$, 继续执行二分法,

直至满足上述迭代终止判定条件.

二分法是必然收敛的, 在具体求解非线性方程 $f(x)=0$ 的根时收敛太慢, 或者 ε_1, ε_2, N 取值不适当, 这时需要调整这些参数. 二分法对偶根重根无法求得, 单纯的二分法对于多根方程会产生丢根现象. 于是产生修正的二分法, 将有根区间 $[a,b]$ 进行多区间均分, 在每个小区间上调用简单二分法. 这样操作在一定程度上可以减少丢根现象. 注意, 试位法可能存在迭代不收敛情况.

参考程序

1) MATLAB 二分法和多区间二分法代码

文件 1-1-1: 二分法 BinaryMethod1.m

```
function [x]=BinaryMethod1(a,b,e1,e2,N,f)
% [a, b] 为初始有根区间, e1,e2为指定精度, N为最大循环次数
% f为f(x), f的输入形式如f=@(x)exp(x)+10*x-2
for k=1:N
    x=0.5*(a+b);
    xe=0.5*(b-a);
    if f(a)*f(x)<0
        b=x;
    else
        a=x;
    end
    if abs(f(x))<e1||abs(xe)<e2
    %当f(x)绝对值小于e1且区间长度小于e2时, 程序结束
    %当迭代次数大于N时if条件还不满足, 输出迭代法不收敛
        break
    end
end
```

文件 1-1-2: 多区间二分法 BinaryMethod2.m

```
function [x]=BinaryMethod2(a,b,n,e1,e2,N,f)
% [a, b]为初始有根区间, e1, e2为指定精度, N为最大循环次数
% n为均分区间数目, f为f(x), f的输入形式如:f=@(x)exp(x)+10*x-2
d=(b-a)/n;
g(1)=a;
j=1;
for i=1:n
```

```
    g(i+1)=a+i*d;
    if f(g(i+1))==0
        x(j)=g(i+1);
        j=j+1;
    elseif f(g(i))*f(g(i+1))<0
        [y]=BinaryMethod1(g(i),g(i+1),e1,e2,N,f);
        x(j)=y;
        j=j+1;
    end
end
```

执行程序:

```
a=input('a=');
b=input('b=');
%a,b为区间的左、右端点
n=input('n=');
%将区间n等分
e1=input('e1=');
e2=input('e2=');
N=input('N=');
f=input('f=');
%输入要求根的方程
[x]=BinaryMethod2(a,b,n,e1,e2,N,f)
%输出x为用二分法求解后的根
```

2) C++ 多区间二分法和试位法代码

文件 1-2-1：多区间二分法和试位法 BinaryMethod.h

```
#ifndef BINARY_METHOD_H
#define BINARY_METHOD_H
#include <math.h>
double FindRoot(
    double a,             // the left boundary
    double b,             // the right boundary
    double (*f)(double), // the function will be solved
    double eps1,          /* the error boundary of the solution
                             difference */
    double eps2,          // the error boundary of the function value
```

```
    int iteration_bound, // the max iteration number
    int METHOD           /* the method, 1 for BinaryMethod, 2 for
                            FalsePosition */
)
{
    double fa = f(a);
    double fb = f(b);
    if (fa == 0)
    {
        return a;
    }
    if (fb == 0)
    {
        return b;
    }
    // Condition Check Failed
    if (fa * fb > 0)
    {
        return NAN;
    }
    double x, xe, fx;
    int k = 0;
    while (k < iteration_bound)
    {
        // METHOD: 1 二分法, 2 试位法
        switch (METHOD)
        {
        case 1:
            x = (a + b) / 2;
            xe = (b - a) / 2;
            break;
        case 2:
            x = a - (b - a) * fa / (fb - fa);
            xe = (x - a);
            break;
        } // xe is approximate value of |x_{k+1}-x_k|
        fx = f(x);
        if (fx == 0 || (fabs(xe) < eps1 && fabs(fx) < eps2))
```

```
        { // Found root
            return x;
        }
        else
        {
            k++;
            if (fa * fx < 0)
            { // Root x* in [a,x]
                b = x;
            }
            else
            { // Root x* in [x,b]
                a = x;
                fa = fx;
            }
        }
    }
    // Maximal iteration bound exceed
    return NAN;
}
double *FindRootZ(
    double a,               // the left boundary
    double b,               // the right boundary
    double (*f)(double),    // the function will be solved
    double eps1,            /* the error boundary of the solution
                               difference */
    double eps2,            // the error boundary of the function value
    int iteration_bound,    // the max iteration time
    double dx,              // the length for each interval
    int &ans_size,          // the length of result array
    int METHOD              /* the method, 1 for BinaryMethod, 2 for
                               FalsePosition */
)
{
    // Divide [a,b] to k part
    int k = (int)((b - a) / dx + 1);
    ans_size = 0;
    // Array for root.
```

```
    double *an = new double[k];
    double s = a;
    while (k--)
    { // Find root in [s,s+dx]
        double result = FindRoot(s, s + dx, f, eps1, eps2,
            iteration_bound, METHOD);
        if (!isnan(result))
        { // Found a root in this part
            an[ans_size++] = result;
        }
        s += dx;
    }
    double *ans = new double[ans_size];
    for (int i = 0; i < ans_size; ++i)
    {
        ans[i] = an[i];
    }
    delete[] an;
    return ans;
}
double BinaryMethod(
    double a,             // the left boundary
    double b,             // the right boundary
    double (*f)(double), // the function will be solved
    double eps1,          /* the error boundary of the solution
                             difference */
    double eps2,          // the error boundary of the function value
    int iteration_bound   // the max iteration number
)
{
    return FindRoot(a, b, f, eps1, eps2, iteration_bound, 1);
}
double FalsePosition(
    double a,             // the left boundary
    double b,             // the right boundary
    double (*f)(double), // the function will be solved
    double eps1,          /* the error boundary of the solution
                             difference */
```

```
    double eps2,          // the error boundary of the function value
    int iteration_bound  // the max iteration number
)
{
    return FindRoot(a, b, f, eps1, eps2, iteration_bound, 2);
}
double *BinaryMethodZ(
    double a,             // the left boundary
    double b,             // the right boundary
    double (*f)(double), // the function will be solved
    double eps1,          /* the error boundary of the solution
                             difference */
    double eps2,          // the error boundary of the function value
    int iteration_bound, // the max iteration number
    double dx,            // the length for each interval
    int &ans_size         // the length of result array
)
{
    return FindRootZ(a, b, f, eps1, eps2, iteration_bound, dx,
        ans_size, 1);
}
double *FalsePositionZ(
    double a,             // the left boundary
    double b,             // the right boundary
    double (*f)(double), // the function will be solved
    double eps1,          /* the error boundary of the solution
                             difference */
    double eps2,          // the error boundary of the function value
    int iteration_bound, // the max iteration number
    double dx,            // the length for each interval
    int &ans_size         // the length of result array
)
{
    return FindRootZ(a, b, f, eps1, eps2, iteration_bound, dx,
        ans_size, 2);
}
#endif
```

执行程序：TestBinaryMethod.cpp

```
#include "BinaryMethod.h"
#include <iostream>
#include <math.h>
double f(double x)
{
    return 0.5f - abs(sin(x));
} // f(x)函数，自行定义
int main()
{
    double interval_upper_bound = 8;
    double interval_lower_bound = 0;
    // 初始的有根区间，自行定义
    double eps1 = 1e-4;
    double eps2 = 1e-4;
    int iteration_bound = 1e5;
    // 算法相关参数，自行定义
    double dx = 1e-3;
    int ans_size = -1;
double x = BinaryMethod(interval_lower_bound, interval_upper_bound,
 f, eps1, eps2, iteration_bound);
    printf("BinaryMethod: \t%lf  ->  %lf\n", x, f(x));
x = FalsePosition(interval_lower_bound, interval_upper_bound,
 f, eps1, eps2, iteration_bound);
    printf("FalsePosition: \t%lf  ->  %lf\n", x, f(x));
double *r=BinaryMethodZ(interval_lower_bound, interval_upper_bound,
 f, eps1, eps2, iteration_bound, dx, ans_size);
    printf("BinaryMethodZ:\n");
    for (int i = 0; i < ans_size; ++i)
    {
        printf("%lf  ->  %lf\n", r[i], f(r[i]));
    }
r = FalsePositionZ(interval_lower_bound, interval_upper_bound,
 f, eps1, eps2, iteration_bound, dx, ans_size);
    printf("FalsePositionZ:\n");
    for (int i = 0; i < ans_size; ++i)
    {
        printf("%lf  ->  %lf\n", r[i], f(r[i]));
```

```
    }
    return 0;
}
```

该 C++ 代码集多区间二分法和多区间试位法于一体, 可以通过选择 METHOD 为 1 或 2 确定在每个小区间上采用二分法或试位法.

3) Python 二分法和多区间二分法代码

文件 1-3-1：二分法 BinaryMethod.py

```
import math
def BinaryMethod(
        fun: str,  # the function which will be solved by BM
        a: int or float,  # the left boundary
        b: int or float,  # the right boundary
        eps1: float,  # the minimum boundary of the function value
        eps2: float,  # the minimum boundary of the solution
                      # difference
        max_time: int  # the max iteration number
) -> tuple:
    def f(x: int or float):
        return eval(fun)
    time = 1
    while time < max_time:
        x = (a + b) / 2
        xe = (b - a) / 2
        if abs(xe) < eps2 and abs(f(x)) < eps1:
            return x, time
        else:
            if f(a) * f(x) < 0:
                b = x
            else:
                a = x
        time += 1
```

执行程序:

```
if __name__ == '__main__':
    # 如1-x-math.sin(x)的形式
    fun = input('请输入函数: ')
```

```
    # 如0
    a = int(input('请输入左边界: '))
    # 如1
    b = int(input('请输入右边界: '))
    # 用于判断跳出循环的条件, 如0.001
    eps1 = float(input('请输入解的最小界: '))
    # 用于判断跳出循环的条件, 如0.005
    eps2 = float(input('请输入相邻近似根的距离最小界: '))
    # 如10000
    max_time = int(input('请输入最大迭代次数: '))

    bm_result = BinaryMethod(fun, a, b, eps1, eps2, max_time)
    print(f"最终结果: {bm_result[0]}")
    print(f"迭代次数: {bm_result[1]}")
```

文件 1-3-2：多区间二分法 BMZ.py

```
import math
def BMZ(
        fun: str,
        a: int or float,
        eps1: float,
        eps2: float,
        k: int,  # the number of all intervals
        dx: float,  # the step length
        max_time: int
) -> tuple:
    def f(x: int or float):
        return eval(fun)
    all_solution = []
    time = 1
    while time < max_time:
        x = a + time * dx
        if abs(f(x) - 0) < eps1:
            all_solution.append(x)
        elif f(x) * f(x + dx) > 0:
            time += 1
            pass
        else:
```

```
            try:
                all_solution.append(
                    BinaryMethod(
                        fun, x, a + (time + 1) * dx, eps1, eps2, max
                            _time
                    )[0]
                )
                time += 1
            except Exception:
                time += 1
                pass
        if len(all_solution) == k:
            break
    return all_solution, time
```

执行程序：

```
if __name__ == '__main__':
    # 形式如6 * x ** 4 - 40 * x ** 2 + 9
    fun = input('请输入函数：')
    # 如-5
    a = int(input('请输入边界：'))
    # 用于判断跳出循环的条件，如0.001
    eps1 = float(input('请输入解的最小界：'))
    # 用于判断跳出循环的条件，如0.005
    eps2 = float(input('请输入相邻近似根的距离最小界：'))
    # 如4
    k = int(input('请输入区间的个数：'))
    # 如0.1
    dx = float(input('请输入步长：'))
    # 如100
    max_time = int(input('请输入最大迭代次数：'))

    bmz_result = BMZ(fun, a, eps1, eps2, k, dx, max_time)
    print(f"最终结果：{bmz_result[0]}")
    print(f"迭代次数：{bmz_result[1]}")
```

2. 艾特肯法求解非线性方程的根

对于方程 $f(x)=0$ 的等价形式 $x=g(x)$, 简单迭代法的迭代格式为 $x_{k+1}=g(x_k)$. 给定一个初值 x_0, 由此迭代格式可计算得一个序列 $\{x_K\}$, 直到某个 x_k 满足上述迭代终止条件, 算法终止.

简单迭代法的程序简单, 但其收敛性的要求高. 在迭代格式 $x=g(x)$ 选择不适当的情况下, 简单迭代法不收敛; 简单迭代法收敛速度与 $g'(x)$ 密切相关. 实验表明当 x_{k+1} 与 x_k 相差不太远时, 简单迭代法收敛速度会变慢, 采用艾特肯法可以加速收敛. 艾特肯法 (第 k 步) 如下：

$$\begin{cases} \tilde{x}_{k+1}=g\left(x_k\right), & \text{(迭代)} \\ \bar{x}_{k+1}=g\left(\tilde{x}_{k+1}\right), & \text{(迭代)} \\ x_{k+1}=\bar{x}_{k+1}-\dfrac{\left(\bar{x}_{k+1}-\tilde{x}_{k+1}\right)^2}{\bar{x}_{k+1}-2\tilde{x}_{k+1}+x_k}. & \text{(加速)} \end{cases}$$

参考程序

1) MATLAB 简单迭代法和艾特肯法代码

文件 2-1-1：简单迭代法 SimpleIteration.m

```
function [x,i1,y1]=SimpleIteration(e1,e2,n,f,g,x0)
y1(1)=x0;
% 迭代初始值x0, e1,e2为指定精度, n为最大迭代次数
% f为f(x), 输入形式如f=@(x)exp(x)-x
% g为迭代函数g(x), 输入形式如g=@(x)exp(x)
for i1=1:n
    x=g(x0);
    xe=abs(x-x0);
    y1(i1+1)=x;
    x0=x;
    if abs(f(x))<e1||xe<e2
        break
    end
end
```

文件 2-1-2：艾特肯法 Aitken.m

```
function [x,i2,y2]=Aitken(e1,e2,n,f,g,x0)
```

```
y2(1)=x0;
% 迭代初始值x0, e1, e2为指定精度, n为最大迭代次数
% f为f(x), 输入形式如f=@(x)exp(x)-x
% g为迭代函数g(x), 输入形式如g=@(x)exp(x)
for i2=1:n
    x1=g(x0);
    x2=g(x1);
    x=x0-((x1-x0)^2)/(x2-2*x1+x0);
    xe=abs(x-x0);
    y2(i2+1)=x;
    x0=x;
    if abs(f(x))<e1||xe<e2
    %当f(x)绝对值小于e1且区间长度小于e2, 程序结束
    %迭代次数大于N时if条件还不满足, 输出迭代法不收敛
        break
    end
end
```

执行程序:

```
e1=input('e1=');
e2=input('e2=');
n=input('n=');
x0=input('x0=');
%输入初始值x0
f=input('f=');
%输入原方程f(x)=0
g=input('g=');
%输入变形后方程x=g(x)
[~,i1,y1]=SimpleIteration(e1,e2,n,f,g,x0);
%调用简单迭代法, i1为迭代次数, y1为每次迭代后x的值
k1=1:i1+1;
plot(k1,y1,'*b')
hold on
[~,i2,y2]=Aitken(e1,e2,n,f,g,x0);
%调用艾特肯迭代法, i2为迭代次数, y2为每次迭代后x的值
k2=1:i2+1;
plot(k2,y2,'or')
hold off
```

2) C++ 简单迭代法和艾特肯法代码

文件 2-2-1：简单迭代法和艾特肯法 SimpleIteration.h

```
#ifndef SIMPLE_ITERATION_H
#define SIMPLE_ITERATION_H
#include <math.h>
double Iteration(
    double (*g)(double), // the function x=g(x) will be solved
    double x0,           // the initial value
    double eps,          // the error boundary
    int iteration_bound, // the max iteration number
    int METHOD           /* the method, 1 for SimpleIteration, 2 for
                            Aitken */
)
{
    int k = 0;
    double newx, x = x0;
    while (k < iteration_bound)
    {
        // METHOD: 1. 简单迭代, 2. 艾特肯
        switch (METHOD)
        {
        case 1:
            newx = g(x);
            break;
        case 2:
            double x1 = g(x);
            double x2 = g(x1);
            newx = x - (x1 - x) * (x1 - x) / (x2 - 2 * x1 + x);
            break;
        }
        k++;
        if (fabs(newx - x) < eps)
        { // Found root
            return newx;
        }
        x = newx;
    }
```

```
    // Maximal iteration bound exceed
    return NAN;
}
double SimpleIteration(
    double (*g)(double), // the function x=g(x) will be solved
    double x0,           // the initial value
    double eps,          // the error boundary
    int iteration_bound  // the max iteration number
)
{
    return Iteration(g, x0, eps, iteration_bound, 1);
}
double Aitken(
    double (*g)(double), // the function x=g(x) will be solved
    double x0,           // the initial value
    double eps,          // the error boundary
    int iteration_bound  // the max iteration number
)
{
    return Iteration(g, x0, eps, iteration_bound, 2);
}
#endif
```

执行程序：TestSimpleIteration.cpp

```
#include "SimpleIteration.h"
#include <math.h>
#include <iostream>
double g(double x)
{
    return exp(-x);
} // x=g(x)迭代函数, 自行定义
int main()
{
    double x0 = 0.5;
    double eps = 1e-4;
    int iteration_bound = 1e5;
    // 算法相关参数, 自行定义
    double x = SimpleIteration(g, x0, eps, iteration_bound);
```

```
    printf("SimpleIteration: \t %.6lf\n", x);
    x = Aitken(g, x0, eps, iteration_bound);
    printf("Aitken: \t %.6lf\n", x);
    return 0;
}
```

该 C++ 代码集简单迭代法和艾特肯法于一体, METHOD 选择为 1 即为普通的简单迭代法, METHOD 选择为 2 即为艾特肯法.

3) Python 简单迭代法和艾特肯法代码

文件 2-3-1：简单迭代法 SimpleIteration.py

```
import math
def SimpleIteration(
        fun: str,  # The iteration form of your objective function
        initial_value: float,  # the initial value
        eps1: int or float,  # the minimum boundary of the solution
                             # difference
        eps2: int or float,  # the minimum boundary of the function
                             # value
        max_time: int  # the max iteration number
) -> tuple:
    def f(x: int or float):
        return eval(fun)
    x = initial_value
    solution_sequence = [x]
    time = 1
    while time < max_time:
        x = f(x)
        solution_sequence.append(x)
        if abs(solution_sequence[-1] - solution_sequence[-2])\
             < eps1 or abs(f(solution_sequence[-1])) < eps2:
            break
        time += 1
    return solution_sequence, time
```

执行程序:

```
if __name__ == '__main__':
    # 如math.e ** (-x)的形式.
```

```
    fun = input('请输入函数: ')
    # 如0.5
    initial_value = float(input('请输入初始值: '))
    # 用于判断跳出循环的条件, 如0.0001
    eps1 = float(input('请输入解的最小界: '))
    # 用于判断跳出循环的条件, 如0.0001
    eps2 = float(input('请输入相邻近似根的距离最小界: '))
    # 如10000
    max_time = int(input('请输入最大迭代次数: '))
    simpleIteration_result = SimpleIteration(
        fun, initial_value, eps1, eps2, max_time
    )
    print(f"最终结果: {simpleIteration_result[0]}")
    print(f"迭代次数: {simpleIteration_result[1]}")
```

文件 2-3-2：艾特肯法 Aitken.py

```
import math
def Aitken(
        fun: str,
        initial_value: float or int,
        eps1: float or int,
        eps2: float or int,
        max_time: int
) -> tuple:
    def f(x: int or float):
        return eval(fun)
    x = [initial_value]
    time = 1
    while time < max_time:
        x1 = f(x[-1])
        x2 = f(x1)
        x.append(
        x[-1] - ((x1 - x[-1]) ** 2) / (x2 - 2 * x1 + x[-1])
        )
        if abs(x[-1] - x[-2]) < eps1 or abs(f(x[-1])) < eps2:
            break
        time += 1
    return x, time
```

执行程序:

```
if __name__ == '__main__':
    # 如math.e ** (-x)的形式.
    fun = input('请输入函数: ')
    # 如0.5
    initial_value = float(input('请输入初始值: '))
    # 用于判断跳出循环的条件, 如0.0001
    eps1 = float(input('请输入解的最小界: '))
    # 用于判断跳出循环的条件, 如0.0001
    eps2 = float(input('请输入相邻近似根的距离最小界: '))
    # 如10000
    max_time = int(input('请输入最大迭代次数: '))
    aitken_result = Aitken(
        fun, initial_value, eps1, eps2, max_time)
    print(f"最终结果: {aitken_result[0]}")
    print(f"迭代次数: {aitken_result[1]}")
```

3. 用牛顿法求解非线性方程的根

牛顿迭代法的计算公式为 $x_{k+1}=x_k-\dfrac{f(x_k)}{f'(x_k)}$. 给定一个初值 x_0, 进行迭代计算得到一个序列 $\{x_k\}$, 直到某个 x_k 满足上述迭代终止条件, 算法终止.

牛顿迭代法存在着收敛性问题, 在单根附近有较快的收敛速度. 为了加速重根的收敛速度, 定义 $\mu(x)=\dfrac{f(x_k)}{f'(x_k)}$, 若 x^* 为 $f(x)=0$ 的重根, x^* 必为 $\mu(x)=0$ 的单根. 用牛顿法求解 $\mu(x)=0$ 的单根即可达到重根加速收敛的目的. 在牛顿法的每一步迭代中, 迭代格式都要求计算导数值, 实际问题中导数的近似值比函数的近似值计算要麻烦得多. 为避免求导数, 通常采用差商代替微商形成割线法, 其迭代形式为

$$x_{k+1}=x_k-\frac{f\left(x_k\right)}{f\left(x_k\right)-f\left(x_{k-1}\right)}\left(x_k-x_{k-1}\right).$$

此迭代格式在具体计算时需要前两次的迭代结果, 且初值需取 x_0 和 x_1.

牛顿法收敛速度快, 迭代是否收敛与初始值的选取很有关系, 但初值不容易确定. 解决牛顿法初值不易确定的常用方法为牛顿下山法, 牛顿下山法设置下山因子 λ, 令

$$\begin{cases}\bar{x}_{k+1}=x_k-\dfrac{f\left(x_k\right)}{f'\left(x_k\right)},\\ x_{k+1}=\lambda\bar{x}_{k+1}+(1-\lambda)x_k.\end{cases}$$

λ 先取 1, 不断缩半 λ 直到满足下山条件 $|f(x_k)| > |f(x_{k+1})|$. 通过该人为调整操作, 有可能使得算法落入收敛域内.

参考程序

1) MATLAB 牛顿法代码

文件 3-1-1：牛顿法代码 Newton.m

```
function x=Newton(e1,n,f,g,x0)
x(1)=x0;
% 迭代初始值x0, e1为指定精度, n为最大迭代次数
% f为f(x), 输入形式如f=@(x)x^2-3
% g为f(x)的一阶导数, 输入形式如g=@(x)2*x
for i=1:n
    x(i+1)=x(i)-f(x(i))/g(x(i));
    e=abs(x(i+1)-x(i));
    if e<=e1
       %当x(i+1)与x(i)距离小于e1或迭代次数大于n时, 程序结束
        break
    end
end
x=x(i+1);
```

执行程序:

```
e1=input('e1=');
N=input('N=');
x0=input('x0=');
%输入初始值x0
n=input('n=');
%近似值保留n个有效数字
f=input('f=');
%输入原方程f(x)=0
g=input('g=');
%输入f(x)求一次导后的函数g(x)
x=Newton(e1,n,f,g,x0);
%调用牛顿迭代法求方程的近似根
x=vpa(x,n)
```

2) C++ 牛顿法和牛顿下山法代码

文件 3-2-1：牛顿法和牛顿下山法 Newton.h

```
#ifndef NEWDON_H
#define NEWDON_H
#include <math.h>
// 牛顿法
double Newton(
    double (*f)(double), // the function will be solved
    double x0,           // the initial value
    double dx,           /* the value of Delta_x, approximation of
                            the derivatives */
    double eps1,         /* the error boundary of the solution
                            difference */
    double eps2,         // the error boundary of the function value
    int iteration_bound  // the max iteration number
)
{
    double x = x0;
    double newx;
    int k = 0;
    while (k < iteration_bound)
    {
        newx = x - f(x) / ((f(x + dx) - f(x)) / dx);
        k++;
        if (fabs(x - newx) < eps1 && fabs(f(newx)) < eps2)
        { // Found root
            return newx;
        }
        x = newx;
    }
    // Maximal iteration bound exceed
    return NAN;
}
// 牛顿下山法
double NewtonDownHillMethod(
    double (*f)(double), // the function will be solved
    double x0,           // the initial value
    double dx,           /* the value of Delta_x, approximation of
                            the derivatives */
```

```
    double eps1,            /* the error boundary of the solution
                               difference */
    double eps2,            // the error boundary of the function value
    double eps3,            // the boundary of the down-hill factor
    double eps4,            /* the modificative step of the initial
                               value */
    int N                   // the max modification number
)
{
    double x = x0;
    double newx, t = 1;
    int n = 0;
    while (n < N)
    {
        newx = x - t * f(x) / ((f(x + dx) - f(x)) / dx);
        if (fabs(x - newx) < eps1 && f(newx) < eps2)
        { // Found root
            return newx;
        }
        if (fabs(f(newx)) < fabs(f(x)))
        {
            x = newx;
            t = 1;
            continue;
        }
        t /= 2;
        if (t < eps3)
        { // t is too small, modify x_0
            x0 += eps4;
            x = x0;
            n++;
            t = 1;
        }
    }
    // Maximal modification number exceeds
    return NAN;
}
#endif
```

执行程序：TestNewton.cpp

```
#include "Newton.h"
#include <math.h>
#include <iostream>
double f(double x)
{
    return x * x - 3;
} // f(x)函数，自行定义
int main()
{
    double x0 = 1.5, dx = 0.001;
    double eps1 = 1e-5, eps2 = 1e-5, eps3 = 1e-3, eps4 = 1e-2;
    int iteration_bound = 1e5, N = 1e2;
    // 算法有关参数，自行定义
    double x = Newton(f, x0, dx, eps1, eps2, iteration_bound);
    // 牛顿法
    double x1 = NewtonDownHillMethod(f, x0, dx, eps1, eps2, eps3,
       eps4, N);
    // 牛顿下山法
    printf("Newton: \t%lf  -> %lf\n", x, f(x));
    printf("NewtonDownHillMethod: \t%lf  -> %lf\n", x1, f(x1));
    return 0;
}
```

该 C++ 程序集牛顿法与牛顿下山法于一体.

3) Python 牛顿法和牛顿下山法代码

文件 3-3-1：牛顿法 Newton.py

```
import math
def Newton(
        fun: str, # the iteration form of the objective function
        initial_value: int or float, # the initial value
        eps1: int or float, # the minimum boundary of the solution
            difference
        eps2: int or float, # the minimum boundary of the function
            value
        max_time: int # the max iteration number
) -> tuple:
```

```
    def f(x: int or float):
        return eval(fun)
    x = initial_value
    time = 1
    while time < max_time:
        xOld = x
        fd = (f(x + 0.0000001) - f(x)) / 0.0000001
        # Calculate the derivative of the objective function.
        x -= f(x) / fd
        if abs(x - xOld) < eps1 and abs(f(x)) < eps2:
            break
        time += 1
    return x, time
```

执行程序：

```
if __name__ == '__main__':
    # 如(x ** 2) ** (1 / 3)的形式
    fun = input('请输入函数：')
    # 如1.5
    initial_value = float(input('请输入初始值：'))
    # 用于判断跳出循环的条件，如0.00001
    eps1 = float(input('请输入解的最小界：'))
    # 用于判断跳出循环的条件，如0.00001
    eps2 = float(input('请输入相邻近似根的距离最小界：'))
    # 如10000
    max_time = int(input('请输入最大迭代次数：'))
    newton_result = Newton(
        fun, initial_value, eps1, eps2, max_time)
    print(f"最终结果：{newton_result[0]}")
    print(f"迭代次数：{newton_result[1]}")
```

文件 3-3-2：牛顿下山法 NewtonDownHillMethod.py

```
import math
def NewtonDownHillMethod(
        fun: str,
        initial_value: int or float,
        eps1: int or float,
```

```
        eps2: int or float,
        eps3: int or float, # the minimum value of t
        eps4: int or float, # the correction of initial value
        max_time: int
) -> tuple:
    def f(x: int or float):
        return eval(fun)
    x = [initial_value]
    t = 1
    time = 1
    while time < max_time:
        fd = (f(x[-1] + 0.0000001) - f(x[-1])) / 0.0000001
        x_ = x[-1] - t * (f(x[-1]) / fd)
        if abs(f(x_) - f(x[-1])) < eps1 or abs(f(x_)) < eps2:
            return x_, time
        if abs(f(x_)) < abs(f(x[-1])):
            x.append(x_)
            time += 1
        else:
            if t > eps3:
                t /= 2
                time += 1
                continue
            else:
                x.append(x_ + eps4)
                t /= 2
                time += 1
    return x[-1], time
```

执行程序:

```
if __name__ == '__main__':
    # 如(x ** 2) ** (1 / 3)的形式
    fun = input('请输入函数: ')
    # 如1.5
    initial_value = float(input('请输入初始值: '))
    # 用于判断跳出循环的条件, 如0.00001
    eps1 = float(input('请输入解的最小界: '))
    # 用于判断跳出循环的条件, 如0.00001
```

```
eps2 = float(input('请输入相邻近似根的距离最小界: '))
# 如0.001
eps3 = float(input('请输入t的最小值: '))
# 如0.001
eps4 = float(input('请输入初值修正: '))
# 如10000
max_time = int(input('请输入最大迭代次数: '))
result = NewtonDownHillMethod(
    fun, initial_value, eps1, eps2, eps3, eps4, max_time)
print(f"最终结果: {result[0]}")
print(f"迭代次数: {result[1]}")
```

第 3 章 线性方程组的直接解法

3.1 学习指导

3.1.1 重点

1) 掌握求解线性方程组高斯消元法的运算步骤、运算量; 理解高斯消元法选主元的必要性及相关技术; 掌握高斯–若尔当消元法.

2) 掌握常用的方阵三角分解方法: 杜利特尔 (Doolittle) 分解法和楚列斯基 (Cholesky) 分解法, 熟练地对线性方程组系数矩阵进行分解并利用杜利特尔紧凑格式分解法、楚列斯基分解法 (或平方根法) 和追赶法进行方程组求解.

3) 比较高斯消元法及三角分解方法各自优缺点及适用范围.

3.1.2 难点

理解求解线性方程组的高斯消元法选主元的必要性; 理解矩阵的三角分解方法的推导及计算公式.

3.2 实验指导

3.2.1 实验目的

加深理解求解线性方程组的高斯直接消元法的具体算法和选主元的技术及必要性; 掌握系数矩阵的三角分解方法的具体算法, 熟练利用三角分解方法求解线性方程组, 体会稀疏线性方程组解法的特点.

3.2.2 实验内容

1) 用高斯–若尔当全主元消元法求解线性方程组的解和方阵的逆阵.

2) 用高斯–若尔当列主元消元法求解线性方程组的解和方阵的逆阵.

3) 利用楚列斯基分解, 对系数矩阵为对称正定阵的线性方程组进行改进平方根法求解.

4) 对三对角线方程组进行追赶法求解.

3.2.3 算法分析

在科学和工程计算中, 大量问题可归结为求解线性方程组 $Ax = b$. 利用线性代数的方法求解线性方程组会碰到很多问题, 如, 系数矩阵的阶数高及计算中误差难以控制. 数值计算方法为线性方程组求解提供了两大类直接求法：高斯消元法和三角分解方法.

求解 n 阶线性方程组 $Ax = b$ 的高斯消元法分为消元过程和回代过程, 计算算法如下：

(1) 消元过程 (设 $a_{kk}^{(k)} \neq 0$).

对 $k = 1, 2, \cdots, n-1$ 依次计算

$$
\begin{cases}
l_{ik} = \dfrac{a_{ik}^{(k)}}{a_{kk}^{(k)}} \quad (i = k+1, k+2, \cdots, n), \\
a_{ij}^{(k+1)} = a_{ij}^{(k)} - l_{ik} a_{kj}^{(k)}, \\
b_i^{(k+1)} = b_i^{(k)} - l_{ik} b_k^{(k)} \quad (j = k, k+1, \cdots, n).
\end{cases}
$$

(2) 回代过程.

$$
\begin{cases}
x_n = b_n^{(n)} / a_{nn}^{(n)}, \\
x_k = \left(b_k^{(k)} - \displaystyle\sum_{j=k+1}^{n} a_{kj}^{(k)} x_k \right) \Big/ a_{kk}^{(k)}, \quad k = n-1, n-2, \cdots, 2, 1.
\end{cases}
$$

消元过程通过初等行变换, 将系数矩阵 A 转化为上三角阵. 在每步计算中, 主元 $a_{kk}^{(k)}$ 一般不是原系数矩阵的对角元, 它若为零或接近于零, 计算机将因除数为零或者溢出而终止计算或产生较大误差, 即为小主元问题. 小主元问题是求解线性法方程组消元法不可避免的问题, 为解决小主元带来解失真, 数值方法产生了选主元技术. 选主元技术包括全主消元法、列主消元法和标度化列主消元法.

1. 高斯–若尔当全主元消元法求解线性方程组的解和方阵的逆阵

全主消元法在每步消元前执行选择最大主元 $|a_{i_k j_k}| = \max\limits_{k \leqslant i \leqslant n, k \leqslant j \leqslant n} |a_{ij}|$, 该方法精度较高但要换列需要记录次序, 比较麻烦也容易产生混乱. 列主消元法仅在一列中余下的元素中寻找最大主元素 $|a_{i_k k}| = \max\limits_{k \leqslant i \leqslant n} |a_{ik}|$, 避免了换列但不能保证

全主消元法的稳定性, 小主元现象仍可能出现. 标度化列主消元法仍然没有全主消元法稳定但比列主元消元法好一些, 运算量也介于两者之间.

高斯–若尔当消元法与高斯消元法的区别在于, 通过矩阵初等运算把 $a_{kk}^{(k)}$ 位置上的元素化为 1, $a_{kk}^{(k)}$ 这一列中的元素除 $a_{kk}^{(k)} = 1$ 外全部消为 0. 高斯–若尔当消元法在计算过程中同样存在小主元问题, 也需要与选主元技术结合使用. 根据问题的需求可以采用不同的选主元方法, 不同的选主元设计有不同巧妙之处, 最后根据消元后的矩阵需考虑如何进行解的回溯.

参考程序

1) MATLAB 高斯–若尔当全主元消元法代码

文件 1-1-1：高斯–若尔当全主元消元法 GaussJordanInverseMatrix.m

```
function [ai]=GaussJordanInverseMatrix(a)
% 输入a为矩阵A，输出ai阵为输入矩阵A的逆阵
s=size(a);
n=s(1);
a0=[a eye(n)];
for j=1:n
    a1=abs(a0(j:n,1:n));
    [y1,y2]=find(a1==max(max(a1)));
    %找出绝对值最大的主元所在的位置
    a0(y1(1)+j-1,:)=a0(y1(1)+j-1,:)/max(max(a1));
    %将绝对值最大的主元变为1
    if a0(y1(1)+j-1,y2)<0
        a0(y1(1)+j-1,:)=-a0(y1(1)+j-1,:);
    end
    %若绝对值最大的主元为负，由于除的时候取正，故将其还原
    a0([y1(1)+j-1,j],:)=a0([j,y1(1)+j-1],:);
    %将最大主元所在的行与第j行交换
    for i=1:n
        if i==j
            continue
        end
        a0(i,:)=a0(i,:)-a0(i,y2(1))*a0(j,:);
    end
end
for l=1:n
```

```
    for k=1:n
        if a0(k,l)~=0
            a0([k,l],:)=a0([l,k],:);
        end
    end
end
%回溯，交换行和列形成单位阵
ai=a0(:,n+1:2*n);
% 输出a阵的逆阵ai
执行程序：
a=input('a=');
%输入要求逆的矩阵a
[ai]=GaussJordanInverseMatrix(a)
%矩阵ai为高斯-若尔当全主元消元法后得到的逆阵
```

2) C++ 高斯–若尔当全主元消元法代码

文件 1-2-1：高斯–若尔当全主元消元法 GaussJordan.h

```
#ifndef GAUSS_JORDAN_H
#define GAUSS_JORDAN_H
#include <malloc.h>
#include <memory.h>
#include <math.h>
int GaussJordan(
    double **a, // the augmented matrix
    int n,      // number of rows of the matrix
    int m       // number of augmented columns
)
{
    int *row = (int *)calloc(n, sizeof(int));
    int *col = (int *)calloc(n, sizeof(int));
    memset(row, -1, n * sizeof(int));
    memset(col, -1, n * sizeof(int));
    // Loop for i-th time elimination.
    for (int i = 0; i < n; ++i)
    { /* Step 1: find the principal element and marks the row and
        the column */
         double max_value = 0;
```

```
int current_row = -1;
int current_col = -1;
for (int r = 0; r < n; ++r)
{
    if (row[r] != -1)
        continue;
    for (int c = 0; c < n; ++c)
    {
        if (col[c] != -1)
            continue;
        if (fabs(a[r][c]) > max_value)
        {
            max_value = fabs(a[r][c]);
            current_row = r;
            current_col = c;
        }
    }
}
if (max_value == 0)
{ // ERROR: Can't find principal element.
    free(row);
    free(col);
    return -1;
}
row[current_row] = current_col;
col[current_col] = current_row;
/*Step 2: Make row transformation to set the principal
    element to 1. */
double ratio = a[current_row][current_col];
for (int c = 0; c < n + m; c++)
{
    a[current_row][c] /= ratio;
}
/*Step 3: Make row transformation to set all elements in
    this column in other rows to 0 */
for (int r = 0; r < n; ++r)
{
    if (r == current_row)
```

```
                continue;
            ratio = a[r][current_col];
            for (int c = 0; c < n + m; ++c)
            {
                a[r][c] -= a[current_row][c] * ratio;
            }
        }
    }
    // Swap rows to get identity matrix.
    for (int r = 0; r < n - 1; ++r)
    {
        int target_row = col[r];
        col[row[r]] = target_row;
        col[r] = r;
        int t = row[r];
        row[r] = row[target_row];
        row[target_row] = t;
        // Swap row.
        double *temp = a[r];
        a[r] = a[target_row];
        a[target_row] = temp;
    }
    free(row);
    free(col);
    return 0;
}
#endif
```

执行程序：TestGaussJordan.cpp

```
#include "GaussJordan.h"
#include <iostream>
using namespace std;
/* 默认使用文件输入输出，若要使用控制行输入输出，将USE_FILE_IO变量赋
    值为false */
bool USE_FILE_IO = true;
const char *INPUT_FILE_PATH = "input.txt";
const char *OUTPUT_FILE_PATH = "output.txt";
int main()
```

```
{
    if (USE_FILE_IO)
    {
        freopen(INPUT_FILE_PATH, "r", stdin);
        freopen(OUTPUT_FILE_PATH, "w", stdout);
    }
    int n, m;
    cerr << "输入系数矩阵的行数: ";
    cin >> n;
    cerr << "输入增广矩阵的增广部分的列数: ";
    cin >> m;
    // 分配内存
    double **a = new double *[n];
    for (int i = 0; i < n; ++i)
        a[i] = new double[n + m];
    cerr << "输入系数矩阵: \n";
    for (int i = 0; i < n; ++i)
        for (int j = 0; j < n; ++j)
            cin >> a[i][j];
    cerr << "输入增广矩阵的增广部分: \n";
    for (int i = 0; i < n; ++i)
        for (int j = n; j < n + m; ++j)
            cin >> a[i][j];
    // 求解
    int flag = GaussJordan(a, n, m);
    if (flag == -1)
        cerr << "ERROR: " << flag << endl;
    else
    {
        // 打印结果到文件或控制行
        for (int i = 0; i < n; ++i)
        {
            for (int j = n; j < n + m; ++j)
                cout << a[i][j] << "\t";
            cout << endl;
        }
    }
    return 0;
```

```
}
```

该 C++ 代码集求解线性方程组的解和方阵的逆阵于一体.

3) Python 高斯消元法求方程组的根代码

文件 1-3-1：高斯消元法 GaussElimination.py

```
import numpy as np
def floatTransform(
        array_: np.ndarray,
        is_one_dimensional_array: bool
) -> np.ndarray:
    if is_one_dimensional_array:
        arr = [float(i) for i in array_]
    else:
        columns, rows = np.array(array_).shape
        floatArray = [float(i) for j in array_ for i in j]
        arr = np.array(floatArray).reshape(columns, rows)
    return arr
def exchangeRows(
        change_index: int,
        changed_index: int,
        array_: np.ndarray
) -> np.ndarray:
    arr = list(array_)
    arr[changed_index], arr[change_index] = \
        arr[change_index], arr[changed_index]
    return np.array(arr)
def GaussElimination(array_: np.ndarray) -> np.ndarray:
    arr = floatTransform(array_, False)
    def elimination(arr_=arr, i=0):
        for k in range(i, len(arr_) - 1):
            if arr_[k][k] == 0 and arr_[k + 1][k] != 0:
                exchangeArr = exchangeRows(k, len(arr_) - 1, arr_)
                elimination(exchangeArr, k)
                # if a[k][k] = 0 and [k+1][k] != 0, then
                # these to rows will be exchanged.
                # The argument will insure this
                # function continue to run.
```

```
            elif arr_[k][k] == 0 and arr_[k + 1][k] == 0:
                if k + 1 < len(arr_) - 1:
                    elimination(arr_, k + 1)
                else:
                    return arr_
            for i in range(k + 1, len(arr_)):
                arr_[i][k] = arr_[i][k] / arr_[k][k]
                for j in range(k + 1, len(arr_[k])):
                    arr_[i][j] -= arr_[i][k] * arr_[k][j]
        return arr_
    return elimination()
```

执行程序:

```
if __name__ == '__main__':
    # 如4
    row_length = int(input('请输入矩阵的行长: '))
    # 如矩阵:
    #     1 1 1 3
    #     1 2 4 7
    #     1 3 9 13
    # 输入形式为: 1 1 1 3 1 2 4 7 1 3 9 13
    data = input('请输入矩阵的所有元素, 元素之间以空格分隔: ').split
        (' ')
    matrix = []
    row = []
    for i in range(len(data)):
        row.append(int(data[i]))
        if (i + 1) % row_length == 0:
            matrix.append(row)
            row = []
    res = GaussElimination(np.array(matrix))
    print('result:')
print(res)
```

代码执行说明: 运行该代码需在 cmd 命令行中使用 pip install numpy 安装依赖库.

2. 高斯–若尔当列主元消元法求解线性方程组的解和方阵的逆阵

参考程序

1) MATLAB 高斯–若尔当列主元消元法代码

文件 2-1-1: 高斯–若尔当列主元消元法求线性方程组 GaussJordanColumnEquation.m

```
function [x]=GaussJordanColumnEquation(a)
% 输入a为增广矩阵
s=size(a);
n=s(1);
for j=1:n
    a1=abs(a(j:n,1:n));
    [y1,y2]=max(a1(:,j));
    % 列主元消元法选主元
    a(y2+j-1,:)=a(y2+j-1,:)/y1;
    if a(y2+j-1,j)<0
        a(y2+j-1,:)=-a(y2+j-1,:);
    end
    a([y2+j-1,j],:)=a([j,y2+j-1],:);
    for i=1:n
        if i==j
            continue
        end
        a(i,:)=a(i,:)-a(i,j)*a(j,:);
    end
end
[x1,~]=find(a(:,1:n));
b=a(:,n+1);
for k=1:n
    x(k)=b(x1(k));
end
x=x';
```

执行程序:

```
a=input('a=');
%输入方程组的增广矩阵
```

```
[x]= GaussJordanColumnEquation(a)
%x为使用高斯-若尔当列主元消元法后得到的方程组的解
```

文件 2-1-2：高斯–若尔当列主元消元法求逆阵 GaussJordanColumnInverseMatrix.m

```
function [ai]=GaussJordanColumnInverseMatrix(a)
% 输入a为方阵
s=size(a);
n=s(1);
a0=[a eye(n)];
for j=1:n
    a1=abs(a0(j:n,1:n));
    [y1,y2]=max(a1(:,j));
    % 列主元消元法选主元
    a0(y2+j-1,:)=a0(y2+j-1,:)/y1;
    if a0(y2+j-1,j)<0
        a0(y2+j-1,:)=-a0(y2+j-1,:);
    end
    a0([y2+j-1,j],:)=a0([j,y2+j-1],:);
    for i=1:n
        if i==j
            continue
        end
        a0(i,:)=a0(i,:)-a0(i,j)*a0(j,:);
    end
end
ai=a0(:,n+1:2*n);
%输出ai为a的逆阵
```

执行程序:

```
a=input('a=');
%输入要求逆的矩阵a
[ai]= GaussJordanColumnInverseMatrix(a)
%矩阵ai为使用高斯-若尔当列主元消元法后得到的逆阵
```

2) C++ 高斯–若尔当列主元消元法代码

文件 2-2-1：高斯–若尔当列主元消元法 GaussJordanColumn.h

```
#ifndef GAUSS_JORDAN_COLUMN_H
#define GAUSS_JORDAN_COLUMN_H
#include <malloc.h>
#include <memory.h>
#include <math.h>
int GaussJordanColumn(
    double **a, // the augmented matrix
    int n,      // number of rows of the matrix
    int m       // number of augmented columns
)
{
    // Loop for i-th column elimination.
    for (int i = 0; i < n; ++i)
    {
        // Step 1: find the principal element and mark the row
        double max_val = 0;
        int row = -1;
        for (int r = i; r < n; ++r)
        {
            if (fabs(a[r][i]) > max_val)
            {
                max_val = fabs(a[r][i]);
                row = r;
            }
        }
        if (max_val == 0)
        { // ERROR: Can't find principal element.
            return -1;
        }
        // Step 2: Swap rows
        double *temp = a[i];
        a[i] = a[row];
        a[row] = temp;
        /*Step 3: Make row transformation to set the principal
            element to be1 */
        double ratio = a[i][i];
        for (int c = i; c < n + m; c++)
        {
```

```
            a[i][c] /= ratio;
        }
        /*Step 4: Make row transformation to set other elements in
            this column to be 0 */
        for (int r = 0; r < n; ++r)
        {
            if (r == i)
                continue;
            ratio = a[r][i];
            for (int c = i; c < n + m; ++c)
            {
                a[r][c] -= a[i][c] * ratio;
            }
        }
    }
    return 0;
}
#endif
```

执行程序：TestGaussJordanColumn.cpp

```
#include "GaussJordanColumn.h"
#include <iostream>
using namespace std;
/* 默认使用文件输入输出，若要使用控制行输入输出，将USE_FILE_IO变量赋
    值为false */
bool USE_FILE_IO = true;
const char *INPUT_FILE_PATH = "input.txt";
const char *OUTPUT_FILE_PATH = "output.txt";
int main()
{
    if (USE_FILE_IO)
    {
        freopen(INPUT_FILE_PATH, "r", stdin);
        freopen(OUTPUT_FILE_PATH, "w", stdout);
    }
    int n, m;
    cerr << "输入系数矩阵的行数：";
    cin >> n;
```

```
    cerr << "输入增广矩阵的增广部分的列数: ";
    cin >> m;
    // 分配内存
    double **a = new double *[n];
    for (int i = 0; i < n; ++i)
        a[i] = new double[n + m];
    cerr << "输入系数矩阵: \n";
    for (int i = 0; i < n; ++i)
        for (int j = 0; j < n; ++j)
            cin >> a[i][j];
    cerr << "输入增广矩阵的增广部分: \n";
    for (int i = 0; i < n; ++i)
        for (int j = n; j < n + m; ++j)
            cin >> a[i][j];
    // 求解
    int flag = GaussJordanColumn(a, n, m);
    if (flag == -1)
        cerr << "ERROR: " << flag << endl;
    else
    {
        // 打印结果到文件或控制行
        for (int i = 0; i < n; ++i)
        {
            for (int j = n; j < n + m; ++j)
                cout << a[i][j] << "\t";
            cout << endl;
        }
    }
    return 0;
}
```

3) Python 高斯–若尔当列主元消元法求逆阵代码

文件 2-3-1：高斯–若尔当列主元消元法 GaussJordanColumn.py

```
import numpy as np
def floatTransform(
        array_: np.ndarray,
        is_one_dimensional_array: bool
```

```
) -> np.ndarray:
    if is_one_dimensional_array:
        arr = [float(i) for i in array_]
    else:
        columns, rows = np.array(array_).shape
        floatArray = [float(i) for j in array_ for i in j]
        arr = np.array(floatArray).reshape(columns, rows)
    return arr
def GaussJordanColumn(arr_: np.ndarray) -> np.ndarray:
    arr = floatTransform(arr_, False) # A np.ndarray type matrix
    for k in range(len(arr)):
        for j in range(k, len(arr[0])):
            arr[k][j: len(arr[0])] /= arr[k][k]
            for i in range(len(arr)):
                if i != k:
                    arr[i][j: len(arr[0])] -= arr[i][k] * arr[k][j:
                        len(arr[0])]
    return arr
```

执行程序:

```
if __name__ == '__main__':
    # 如6
    row_length = int(input('请输入矩阵的行长: '))
    # 如矩阵:
    #     -3 8 5 1 0 0
    #     2 -7 4 0 1 0
    #     1 9 -6 0 0 1
    # 输入形式为: -3 8 5 1 0 0 2 -7 4 0 1 0 1 9 -6 0 0 1
    data = input(
    '请输入矩阵的所有元素, 元素之间以空格分隔: '
        ).split(' ')
    matrix = []
    row = []
    for i in range(len(data)):
        row.append(int(data[i]))
        if (i + 1) % row_length == 0:
            matrix.append(row)
            row = []
```

```
res = GaussJordanColumn(np.array(matrix))
print('result:')
print(res)
```

代码执行说明：运行该代码需在 cmd 命令行中使用 pip install numpy 安装依赖库.

3. LU 分解法和改进平方根法求解线性方程组

高斯消元法将系数矩阵 A 转化为一个下三角阵和一个上三角阵的乘积, 即 $A = LU$. 对于 LU 分解法求解线性方程组最重要的一步是将系数矩阵进行杜利特尔分解 (或克劳特 (Crout) 分解). 克劳特分解法把 A 写成下三角阵和单位上三角阵的乘积, 杜利特尔分解法把 A 阵分解成单位下三角阵和上三角阵的乘积. 令 $Ux = y$, 于是线性方程组 $Ax = b$ 可以转化为两个简单的线性方程组 $Ly = b$ 和 $Ux = y$ 求解, 进行两次回代. 杜利特尔分解实施依次先处理行的计算再处理列的计算, 可以将分解后的上三角阵和下三角阵的元素依次存储在原始 A 阵对应位置上.

杜利特尔分解计算公式：对 $r = 1, 2, \cdots, n$ 计算

$$\begin{cases} a_{rj} = a_{rj} - \sum\limits_{k=1}^{r-1} a_{rk} a_{kj} \quad (j = r, r+1, \cdots, n), \\ a_{ir} = \left(a_{ir} - \sum\limits_{k=1}^{r-1} a_{ik} a_{kr} \right) \Big/ a_{rr} \quad (i = r+1, r+2, \cdots, n). \end{cases}$$

回代求 y : 对 $i = 1, 2, \cdots, n$ 计算 $x_i = x_i - \sum\limits_{k=1}^{i-1} a_{ik} x_k$.

回代求 x : 对 $i = n, n-1, \cdots, 2, 1$ 计算 $x_i = \left(x_i - \sum\limits_{k=i+1}^{n} a_{ik} x_k \right) \Big/ a_{ii}$.

当 A 阵为对称正定阵时, 由杜利特尔分解可以得到楚列斯基分解, 由此我们得到平方根法. 但平方根法需要进行开方, 开方较费时间. 为避免开方我们产生了改进的平方根法, 且只要满足三角分解条件的对称阵都适用, 其算法如下：

对 $i = 2, 3, \cdots, n, j = 1, 2, \cdots, i-1$ 计算

$$\begin{cases} T_{ij} = a_{ij} - \sum\limits_{k=1}^{j-1} a_{ik} a_{jk}, \\ l_{ij} = T_{ij} / a_{jj}, \\ a_{ii} = a_{ii} - T_{ij} a_{ij}. \end{cases}$$

进行楚列斯基分解操作时, T_{ij} 的行的计算仍采用杜利特尔分解计算方式, 对列的计算只需对相应行的元素除以 a_{jj} 并进行相应存储, 完成分解后只需对上三角形式的方程组进行一次回代即可得方程组的解.

参考程序

1) MATLAB 杜利特尔分解和改进平方根法代码

文件 3-1-1：杜利特尔分解 DoolittleDecomposition.m

```
function [L,U]=DoolittleDecomposition(a)
s=size(a);
n=s(1);
if a(1,1)~=0
    for i=2:n
        a(i,1)=a(i,1)/a(1,1);
    end
elseif a(1,1)==0
    for s=1:n-1
        if a(1+s,1)~=0
            break
        end
    end
    a([1,1+s],:)=a([1+s,1],:);
end
for m=2:n   %紧凑格式先行后列进行分解
    for k=m:n
        for k1=1:m-1
            a(m,k)=a(m,k)-a(k1,k)*a(m,k1);
            if a(m,m)==0
                for z=1:n-m
                    for k2=1:m-1
                        a(m+z,k)=a(m+z,k)-a(k2,k)*a(m+z,k2);
                        if a(m+z,k)~=0
                            a([m,m+z],:)=a([m+z,m],:);
                            a(m+z,k)=a(m+z,k)+a(k2,k)*a(m+z,k2);
                        end
                    end
                end
            end
```

```
        end
    end
    for j=m+1:n
        for j1=1:m-1
            a(j,m)=a(j,m)-a(j1,m)*a(j,j1);
        end
        a(j,m)=a(j,m)/a(m,m);
    end
end
l=zeros(n);
for i1=1:n
    for i2=i1+1:n
        l(i2,i1)=a(i2,i1);
    end
end
u=zeros(n);
for i3=n:-1:1
    for i4=i3:-1:1
        u(i4,i3)=a(i4,i3);
    end
end
L=l+eye(n);
U=u;
```

执行程序:

```
a=input('a=');
%输入a为矩阵A
[L,U]=DoolittleDecomposition(a)
%输出L,U为单位下三角矩阵和上三角矩阵
```

文件 3-1-2：改进平方根法 ImprovedSquareRoot.m

```
function [x]=ImprovedSquareRoot(a,b)
% 输入a为系数矩阵A,b为向量b
s=size(a);
n=s(1);
for i=2:n
    a(i,1)=a(i,1)/a(1,1);
```

```
end
for m=2:n
    for k=m:n
    %紧凑格式进行平方根分解, 先行后列
        for k1=1:m-1
            a(m,k)=a(m,k)-a(k1,k)*a(m,k1);
            if a(m,m)==0
                for z=1:n-m
                    for k2=1:m-1
                        a(m+z,k)=a(m+z,k)-a(k2,k)*a(m+z,k2);
                        if a(m+z,k)~=0
                            a([m,m+z],:)=a([m+z,m],:);
                            a(m+z,k)=a(m+z,k)+a(k2,k)*a(m+z,k2);
                        end
                    end
                end
            end
        end
    end
    for j=m+1:n
        a(j,m)=a(m,j)/a(m,m);
        %列元素=行元素/ 对角元素
    end
end
for q=2:n
    for p=1:q-1
        b(q)=b(q)-b(p)*a(q,p);
    end
end
for r=1:n
    b(r)=b(r)/a(r,r);
end
for v=(n-1):-1:1
    for u=n:-1:(v+1)
        b(v)=b(v)-b(u)*a(u,v);
    end
end
%回代过程
```

```
x=b';
% 输出方程组的根
```

执行程序:

```
a=input('a=');
%输入系数矩阵A
b=input('b=');
%输入常数向量b
[x]=ImprovedSquareRoot(a,b)
%x为改进平方根法求得的方程组的解
```

2) C++ 改进平方根法代码

文件 3-2-1：改进平方根法 ImprovedSquareRoot.h

```
#ifndef IMPROVED_SQUARE_ROOT_H
#define IMPROVED_SQUARE_ROOT_H
void ImprovedSquareRoot(
    double **a, // the augmented matrix
    int n,      // number of rows of the matrix
    int m       // number of augmented columns
)
{
    for (int i = 0; i < n; ++i)
    {
        // Step 1: Calculate the i-th row of U and Find y using Ly=b
        for (int j = i; j < n + m; ++j)
        {
            double sum = 0;
            for (int k = 0; k < i; ++k)
            {
                sum += a[i][k] * a[k][j];
            }
            a[i][j] -= sum;
        }
        // Step 2: Calculate the i-th column of L
        for (int j = i + 1; j < n; ++j)
        {
            a[j][i] = a[i][j] / a[i][i];
```

```
        }
    }
    // Find x using Ux = y
    for (int c = n; c < n + m; ++c)
    {
        for (int i = n - 1; i >= 0; --i)
        {
            double sum = 0;
            for (int j = n - 1; j > i; --j)
            {
                sum += a[i][j] * a[j][c];
            }
            a[i][c] -= sum;
            a[i][c] /= a[i][i];
        }
    }
}
#endif
```

执行程序：TestImprovedSquareRoot.cpp

```
#include "ImprovedSquareRoot.h"
#include <iostream>
using namespace std;
/* 默认使用文件输入输出，若要使用控制行输入输出，将USE_FILE_IO变量赋
   值为false. */
bool USE_FILE_IO = true;
const char *INPUT_FILE_PATH = "input.txt";
const char *OUTPUT_FILE_PATH = "output.txt";
int main()
{
    if (USE_FILE_IO)
    {
        freopen(INPUT_FILE_PATH, "r", stdin);
        freopen(OUTPUT_FILE_PATH, "w", stdout);
    }
    int n, m;
    cerr << "输入系数矩阵的行数：";
    cin >> n;
```

```
    cerr << "输入增广矩阵的增广部分的列数: ";
    cin >> m;
    // 分配内存
    double **a = new double *[n];
    for (int i = 0; i < n; ++i)
        a[i] = new double[n + m];
    cerr << "输入系数矩阵: \n";
    for (int i = 0; i < n; ++i)
        for (int j = 0; j < n; ++j)
            cin >> a[i][j];
    cerr << "输入增广矩阵的增广部分: \n";
    for (int i = 0; i < n; ++i)
        for (int j = n; j < n + m; ++j)
            cin >> a[i][j];
    // 求解
    ImprovedSquareRoot(a, n, m);
    // 打印结果到文件或控制行
    for (int i = 0; i < n; ++i)
    {
        for (int j = n; j < n + m; ++j)
            cout << a[i][j] << "\t";
        cout << endl;
    }
    return 0;
}
```

3) Python 杜利特尔分解法代码

文件 3-3-1：杜利特尔分解法 DoolittleFactorization.py

```
import numpy as np
def floatTransform(
        array_: np.ndarray,
        is_one_dimensional_array: bool
) -> np.ndarray:
    if is_one_dimensional_array:
        arr = [float(i) for i in array_]
    else:
        columns, rows = np.array(array_).shape
        floatArray = [float(i) for j in array_ for i in j]
```

```
        arr = np.array(floatArray).reshape(columns, rows)
    return arr
def DoolittleFactorization(
        arr: np.ndarray,  # the coefficient matrix
        f: np.ndarray = None,  # the constant vector
        choose: bool = False  # if you want the result, you must set
                              # "True"
) -> np.ndarray:
    arr_ = floatTransform(arr, False)
    if f is not None:
        f_ = floatTransform(f, True)
    columns = []
    rows = []
    for r in range(len(arr_)):
        for j in range(r, len(arr_[0])):
            for k in range(r):
                columns.append(arr_[r][k] * arr_[k][j])
            sumC = sum(columns)
            columns = []
            arr_[r][j] -= sumC
        for i in range((r + 1), len(arr_)):
            for k in range(r):
                rows.append(arr_[i][k] * arr_[k][r])
            sumR = sum(rows)
            rows = []
            arr_[i][r] = (arr_[i][r] - sumR) / arr_[r][r]
    if f is not None:
        AY = []
        for i in range(len(f_)):
            for k in range(i):
                AY.append(arr_[i][k] * f_[k])
            sumAY = sum(AY)
            AY = []
            f_[i] -= sumAY
        AX = []
        for i in range((len(f_) - 1), -1, -1):
            for k in range((i + 1), len(arr_)):
                AX.append(arr_[i][k] * f_[k])
```

```
            sumAX = sum(AX)
            AX = []
            f_[i] = (f_[i] - sumAX) / arr_[i][i]
    if choose is True:
        return f_
    else:
        return arr_
```

执行程序:

```
if __name__ == '__main__':
  # 如5
    row_length = int(input('请输入矩阵的行长: '))
  # 如矩阵:
  #     4 1 -1 0 7
  #     1 3 -1 0 8
  #     -1 -1 5 2 -4
  #     0 0 2 4 6
  # 输入形式为: 4 1 -1 0 7 1 3 -1 0 8 -1 -1 5 2 -4 0 0 2 4 6
  data = input(
  '请输入矩阵的所有元素, 元素之间以空格分隔: '
      ) .split(' ')
    matrix = []
    row = []
    for i in range(len(data)):
        row.append(int(data[i]))
        if (i + 1) % row_length == 0:
            matrix.append(row)
            row = []
res = DoolittleFactorization(np.array(matrix))
print('result:')
print(res)
```

代码执行说明：运行该代码需在 cmd 命令行中使用 pip install numpy 安装依赖库.

4. 追赶法求解三对角线方程组

数值问题中经常会碰到三对角线矩阵, 这一类特殊的稀疏矩阵零元素很多. 如果采用普通的三角分解法, 这些零元素都参加运算, 速度会很慢. 像平方根法一样, 追赶法充分利用三对角线矩阵的结构特点, 将系数矩阵 A 化成两个稀疏的二对角阵的乘积, 由这两个二对角阵进行回代得追赶法追的过程和赶的过程. 该算法实施的过程中, 只需对三条对角线分别分配存储单元, 算法在这三条对角线上进行追和赶的操作及赋值更新. 因此追赶法占用工作单元少, 计算量比一般的三角分解法要少很多. 由于追赶法中间运算没有数量级很大的变化, 不会有严重的误差积累, 算法比较稳定.

参考程序

1) MATLAB 追赶法代码

文件 4-1-1：追赶法 ChasingMethod.m

```
function [x]=ChasingMethod(a,b,c,f)
% a,b,c分别为三对角线向量, f为常数向量
[~,n]=size(b);
c(1)=c(1)/b(1);
for i=2:n-1
    c(i)=c(i)/(b(i)-a(i)*c(i-1));
end
f(1)=f(1)/b(1);
%三对角线系数矩阵分解为两个两对角线矩阵乘积
for j=2:n
    f(j)=(f(j)-a(j-1)*f(j-1))/(b(j)-a(j-1)*c(j-1));
    %追赶过程
end
for k=n-1:-1:1
    f(k)=f(k)-c(k)*f(k+1);
end
x=f';
%输出方程组的根
```

执行程序:

```
a=input('a=');
%输入向量a为系数矩阵的主对角下面的斜向量
b=input('b=');
%输入向量b为系数矩阵的主对角线元素
c=input('c=');
%输入向量c为系数矩阵的主对角上面的斜向量
```

```
f=input('f=');
%f为常数向量
[x]=ChasingMethod(a,b,c,f)
%x为追赶法求得的方程组的解
```

2) C++ 追赶法代码

文件 4-2-1：追赶法 ChasingMethod.h

```
#ifndef CHASING_METHOD_H
#define CHASING_METHOD_H
void ChasingMethod(
    double *a,  // the lower diagonal
    double *b,  // the diagonal
    double *c,  // the higher diagonal
    double **f, // the augmented part of the augmented matrix
    int n,      // number of rows of the matrix
    int m       // number of augmented columns
)
{
    /* Step 1: Find alpha beta and gamma. alpha stored in b, beta
        stored in c, gamma stored in a */
    c[0] /= b[0];
    for (int i = 1; i < n - 1; ++i)
    {
        b[i] -= a[i] * c[i - 1];
        c[i] /= b[i];
    }
    b[n - 1] -= a[n - 1] * c[n - 2];
    // Step 2: Find y using Ly=f. y stored in f
    for (int k = 0; k < m; ++k)
    {
        f[0][k] /= b[0];
        for (int i = 1; i < n; ++i)
        {
            f[i][k] -= a[i] * f[i - 1][k];
            f[i][k] /= b[i];
        }
    }
```

```
    // Step 3: Find x using Ux=y. x stored in f
    for (int k = 0; k < m; ++k)
    {
        for (int i = n - 2; i >= 0; --i)
        {
            f[i][k] -= c[i] * f[i + 1][k];
        }
    }
}
#endif
```

执行程序：TestChasingMethod.cpp

```
#include "ChasingMethod.h"
#include <iostream>
using namespace std;
/* 默认使用文件输入输出，若要使用控制行输入输出，将USE_FILE_IO变量赋
    值为false. */
bool USE_FILE_IO = true;
const char *INPUT_FILE_PATH = "input.txt";
const char *OUTPUT_FILE_PATH = "output.txt";
int main()
{
    if (USE_FILE_IO)
    {
        freopen(INPUT_FILE_PATH, "r", stdin);
        freopen(OUTPUT_FILE_PATH, "w", stdout);
    }
    int n, m;
    cerr << "输入系数矩阵的行数：";
    cin >> n;
    cerr << "输入增广矩阵的增广部分的列数：";
    cin >> m;
    // 分配内存
    double x;
    double *a = new double[n];
    double *b = new double[n];
    double *c = new double[n];
    double **f = new double *[n];
```

```
for (int i = 0; i < n; ++i)
    f[i] = new double[m];
cerr << "输入系数矩阵: \n";
a[0] = c[n - 1] = 0;
cin >> b[0] >> c[0];
for (int i = 0; i < n - 2; ++i)
    cin >> x;
for (int i = 1; i < n - 1; ++i)
{
    int j;
    for (j = 0; j < i - 1; ++j)
        cin >> x;
    cin >> a[i] >> b[i] >> c[i];
    j += 3;
    for (; j < n; ++j)
        cin >> x;
}
for (int i = 0; i < n - 2; ++i)
{
    cin >> x;
}
cin >> a[n - 1] >> b[n - 1];
cerr << "输入增广矩阵的增广部分: \n";
for (int i = 0; i < n; ++i)
{
    for (int j = 0; j < m; ++j)
    {
        cin >> f[i][j];
    }
}
// 求解
ChasingMethod(a, b, c, f, n, m);
// 打印结果到文件或控制行
for (int i = 0; i < n; ++i)
{
    for (int j = 0; j < m; ++j)
        cout << f[i][j] << "\t";
    cout << endl;
```

```
    }
    return 0;
}
```

3) Python 追赶法代码

文件 4-3-1：追赶法 ChasingMethod.py

```
import numpy as np
def floatTransform(
        array_: np.ndarray,
        is_one_dimensional_array: bool
) -> np.ndarray:
    if is_one_dimensional_array:
        arr = [float(i) for i in array_]
    else:
        columns, rows = np.array(array_).shape
        floatArray = [float(i) for j in array_ for i in j]
        arr = np.array(floatArray).reshape(columns, rows)
    return arr
def ChasingMethod(
        a: np.ndarray,
        b: np.ndarray,
        c: np.ndarray,
        f: np.ndarray
) -> list:
    gamma = a
    alpha = [b[0]]
    beta = [c[0] / alpha[0]]
    for i in range(1, len(b) - 1):
        alpha.append(b[i] - gamma[i - 1] * beta[i - 1])
        beta.append(c[i] / alpha[i])
    alpha.append(b[-1] - gamma[-1] * beta[-2])
    # 三对角线矩阵分解.
    y = [f[0] / alpha[0]]
    for i in range(1, len(f)):
        y.append((f[i] - (gamma[i - 2] * y[i - 1])) / alpha[i])
            # 追过程
    x = [0, 0, 0, 0, y[-1]]
    for i in range(len(f) - 2, -1, -1):
```

```
        x[i] = y[i] - beta[i] * x[i + 1]  # 赶过程, 输出方程组的解
    return x
```

执行程序:

```
if __name__ == '__main__':
    def format(data):
        elements = []
        for ele in data:
            elements.append(float(ele))
        return elements
    # 如-1 -1 -1 -1
    a = input('请输入三对角线方程中的下对角线元素, 元素之间以空格分
        隔: ').split(' ')
    # 如4 4 4 4 4
    b = input('请输入三对角线方程中的中对角线元素, 元素之间以空格分
        隔: ').split(' ')
    # 如-1 -1 -1 -1
    c = input('请输入三对角线方程中的上对角线元素, 元素之间以空格分
        隔: ').split(' ')
    # 如100 200 200 200 100
    f = input('请输入常数向量元素, 元素之间以空格分隔: ').split(' ')
    A = format(a)
    B = format(b)
    C = format(c)
    F = format(f)
    print(ChasingMethod(np.array(A), np.array(B), np.array(C), np.
        array(F)))
```

代码执行说明: 运行该代码需在 cmd 命令行中使用 pip install numpy 安装依赖库.

第 4 章 线性方程组的迭代解法

4.1 学习指导

4.1.1 重点

1) 熟悉求解线性方程组的迭代法的特点和计算步骤; 熟练雅可比 (Jacobi) 迭代法和高斯–赛德尔 (Gauss-Seidel) 迭代法求解线性方程组; 了解松弛法求解线性方程组.

2) 推导和掌握求解线性方程组迭代法的收敛条件, 理解迭代终止条件 $\|x^{(k+1)}-x^{(k)}\| < \varepsilon$ 对迭代法敛散性的意义.

4.1.2 难点

理解线性方程组迭代解法收敛条件的推导.

4.2 实验指导

4.2.1 实验目的

通过实验理解迭代法求解线性方程组的特点, 并和消元法做比较; 加深理解求解线性方程组雅可比迭代法和高斯–赛德尔迭代法的产生原理和构造; 了解松弛迭代方法, 观察松弛因子的选取对解的影响; 理解迭代终止条件 $\|x^{(k+1)} - x^{(k)}\| < \varepsilon$ 对迭代法敛散性的意义.

4.2.2 实验内容

1) 用高斯–赛德尔迭代法解线性方程组.

2) 用松弛法解线性方程组, 并研究松弛因子对方程组解的影响.

4.2.3 算法分析

我们在第 3 章介绍了求解线性方程组 $Ax = b$ 的直接解法, 但科学问题和工程技术中我们会经常碰到稀疏线性方程组, 即系数矩阵 A 中包含很多零元素. 这类线性方程组更适合采用迭代法进行求解, 即不断套用一个迭代公式 $x^{(k+1)} = Bx^{(k)} + f$ 逐步逼近方程组的解, 其中 $x = Bx + f$ 为 $Ax = b$ 的等价形式. 求解线性方程组迭代法的计算量无法用公式本身来确定, 但迭代法的解的精度可以人为控制且其计算机程序比较简单明了. 迭代法适合求解大型 (高阶) 稀疏矩阵的线性方程组, 然而迭代法不是对所有的线性方程组的所有迭代格式都适用, 其存在着收敛性问题. 三种常用的迭代法为雅可比迭代法、高斯–赛德尔迭代法以及松弛法. 这三种迭代法分别有分量形式和矩阵形式, 在进行计算机实现时, 可视编程语言平台的不同而采用相应的计算形式. 如平台是 MATLAB, 采用矩阵形式更能充分利用 MATLAB 以矩阵为运算单元的优势且代码更加直观; 如平台是 C++, 采用分量形式在表达高斯–赛德尔迭代格式时更自然.

在雅可比迭代中, $x^{(k+1)}$ 用 $x^{(k)}$ 的所有分量来参加计算的, 但实际上在计算 $x^{(k+1)}$ 的第 i 个分量 $x_i^{(k+1)}$ 时, 已经计算出的最新分量 $x_1^{(k+1)}, \cdots, x_{i-1}^{(k+1)}$ 没有被使用. 与雅可比迭代法不同, 高斯–赛德尔迭代法则使用这些新分量 $x_1^{(k+1)}, \cdots, x_{i-1}^{(k+1)}$ 进行迭代, 可能收敛更快.

对于指定的精度 ε, 迭代法的终止条件设置为 $\|x^{(k+1)} - x^{(k)}\| < \varepsilon$, 我们一般采用向量的 1-范数、2-范数或 ∞-范数. 编写程序时, 需要注意向量范数与矩阵范数的定义区别, 同时通过向量范数代码的编写理解判定向量列与数列收敛本质上的不同.

1. 高斯–赛德尔迭代法求解线性方程组

参考程序

1) MATLAB 高斯–赛德尔迭代法代码

文件 1-1-1：定义范数 fanshu.m

```
function [s]=fanshu(p,v)
% 向量 v 的 p 范数
[~,n]=size(v);
s=0;
if p==inf
    s=max(abs(v));%无穷大范数
```

```
elseif p~=inf
    for j=1:n
        s=s+abs(v(1,j))^p;
    end
    s=s^(1/p);
end
```

文件 1-1-2：高斯–赛德尔迭代法 GaussSeidel.m

```
function [x,j]=GaussSeidel(a,b,N,e1,p)
%a,b是线性方程组Ax=b的A和b, p为p范数, N为最大迭代次数
[~,n]=size(a);
d=zeros(n,n);
l=zeros(n,n);
u=zeros(n,n);
%将A阵进行L,D,U分解
for i1=1:n
    d(i1,i1)=a(i1,i1);
end
for i21=1:n-1
    for i22=i21+1:n
        l(i22,i21)=a(i22,i21);
    end
end
for i31=n:-1:2
    for i32=i31-1:-1:1
        u(i32,i31)=a(i32,i31);
    end
end
[c]=GaussJordanColumnInverseMatrix(d+l);
%见第3章高斯-若尔当列主元消元法求方阵的逆阵
x(:,1)=zeros(n,1);
for j=1:N
    x(:,j+1)=-c*u*x(:,j)+c*b';
    [e]=fanshu(p,x(:,j+1)'-x(:,j)');
    if e<=e1
       %当向量x(k+1)与x(k)的差的范数小于e1或迭代次数大于N时程序结束
        break
    end
```

```
end
x=x(:,j+1);
```

 执行程序:

```
a=input('a=');
%输入系数矩阵a
b=input('b=');
%输入常数向量b
p=input('p=');
%输入p范数，取inf时为无穷大范数
N=input('N='); N为最大迭代次数
e1=input('e1=');
[x,j]=GaussSeidel(a,b,N,e1,p)
%x为高斯—赛德尔迭代法求得的方程组的近似解，j为迭代次数
```

2) C++ 高斯–赛德尔迭代法代码

 文件 1-2-1：雅可比迭代法 Jacobi.h

```
#ifndef JACOBI_H
#define JACOBI_H
#include <math.h>
double norm(double *x, int n)
{ // Calculate inf-norm for vectors
    int max_diff = 0;
    for (int i = 0; i < n; ++i)
    {
        if (fabs(x[i]) > max_diff)
        {
            max_diff = fabs(x[i]);
        }
    }
    return max_diff;
}
double *Jacobi(          // Solve x from Ax=b
    double **a,          // the matrix A
    double *b,           // the column vector b
    int n,               // the size of A
    double eps,          // the error boundary of solution
```

```
    int iteration_bound // max iteration number
)
{ // Step 1: Swap rows, if a[i][i]=0.
    for (int i = 0; i < n; ++i)
    {
        if (a[i][i] != 0)
        {
            continue;
        }
        bool found = false;
        // Searching a row r>I such that a[r][i]!= 0
        for (int r = i + 1; r < n; ++r)
        {
            if (a[r][i] != 0)
            {
                double *temp = a[r];
                a[r] = a[i];
                a[i] = temp;
                double t = b[r];
                b[r] = b[i];
                b[i] = t;
                found = true;
                break;
            }
        }
        if (found)
        {
            continue;
        }
        // Searching a row r<i such that a[r][i]!= 0
        for (int r = 0; r < i; ++r)
        {
            if (a[r][i] != 0)
            {
                /* This row should be swapped to row j such that
                   a[j][r]!=0 */
                for (int j = i + 1; j < n; ++j)
                {
```

```
                    if (a[j][r] != 0)
                    {
                        double *temp = a[j];
                        a[j] = a[i];
                        a[i] = a[r];
                        a[r] = temp;
                        double t = b[j];
                        b[j] = b[i];
                        b[i] = b[r];
                        b[r] = t;
                        found = true;
                        break;
                    }
                }
                if (found)
                {
                    break;
                }
            }
        }
        if (found)
        {
            continue;
        }
        else
        {
            return nullptr;
        }
    }
    /* Step 2: Make A be the iterative matrix and b be the iterative
       vector */
    for (int i = 0; i < n; ++i)
    {
        for (int j = 0; j < n; ++j)
        {
            if (i == j)
                continue;
            a[i][j] /= -a[i][i];
```

```
        }
        b[i] /= a[i][i];
        a[i][i] = 0;
    }
    double *x = new double[n];
    double *newx = new double[n];
    double *delta_x = new double[n];
    // Step 3: Iterate until ||x - newx||<eps or k>iteration_bound
    // Step 3_1: Initialization.
    for (int i = 0; i < n; ++i)
    {
        x[i] = 0;
    }
    int k = 0;
    // Step 3_2: Iteration.
    while (true)
    {
        k++;
        // Calculate newx
        for (int i = 0; i < n; ++i)
        {
            newx[i] = b[i];
            for (int j = 0; j < n; ++j)
            {
                newx[i] += a[i][j] * x[j];
            }
        }
        // Calculate the difference
        double diff = 0;
        for (int i = 0; i < n; ++i)
        {
            delta_x[i] = x[i] - newx[i];
        }
        diff = norm(delta_x, n);
        // Determine iteration stopping condition
        if (diff < eps)
        {
            break;
```

```
        }
        else if (k > iteration_bound)
        {
            delete[] x;
            delete[] newx;
            delete[] delta_x;
            return nullptr;
        }
        for (int i = 0; i < n; ++i)
        {
            x[i] = newx[i];
        }
    }
    delete[] x;
    delete[] delta_x;
    return newx;
}
#endif
```

执行程序：TestJacobi.cpp

```
#include "Jacobi.h"
#include <iostream>
using namespace std;
/* 默认使用文件输入输出，若要使用控制行输入输出，将USE_FILE_IO变量赋
    值为false */
bool USE_FILE_IO = true;
const char *INPUT_FILE_PATH = "input.txt";
const char *OUTPUT_FILE_PATH = "output.txt";
int main()
{
    if (USE_FILE_IO)
    {
        freopen(INPUT_FILE_PATH, "r", stdin);
        freopen(OUTPUT_FILE_PATH, "w", stdout);
    }
    int n, iteration_bound;
    double eps;
    cerr << "输入系数矩阵的行数: ";
```

```
    cin >> n;
    cerr << "输入误差限: ";
    cin >> eps;
    cerr << "输入迭代次数上限: ";
    cin >> iteration_bound;
    // 分配内存
    double **a = new double *[n];
    double *b = new double[n];
    for (int i = 0; i < n; ++i)
        a[i] = new double[n];
    cerr << "输入系数矩阵: \n";
    for (int i = 0; i < n; ++i)
        for (int j = 0; j < n; ++j)
            cin >> a[i][j];
    cerr << "输入列向量: \n";
    for (int i = 0; i < n; ++i)
        cin >> b[i];
    // 求解
    double *x = Jacobi(a, b, n, eps, iteration_bound);
    if (x == nullptr)
        cerr << "ERROR " << endl;
    else
    {
        // 打印结果到文件或控制行
        for (int i = 0; i < n; ++i)
            cout << x[i] << "\n";
    }
    return 0;
}
```

文件 1-2-2：高斯–赛德尔迭代法 GaussSeidel.h

```
#ifndef GAUSS_SEIDEL_H
#define GAUSS_SEIDEL_H
#include <math.h>
double norm(double *x, int n)
{ // Calculate inf-norm for vectors
    int max_diff = 0;
    for (int i = 0; i < n; ++i)
```

```
    {
        if (fabs(x[i]) > max_diff)
        {
            max_diff = fabs(x[i]);
        }
    }
    return max_diff;
}
double *GaussSeidel(     // Solve x from Ax=b
    double **a,          // the matrix A
    double *b,           // the column vector b
    int n,               // the size of A
    double eps,          // the error boundary of solution
    int iteration_bound // max iteration number
)
{ // Step 1: Swap rows, if a[i][i]=0.
    for (int i = 0; i < n; ++i)
    {
        if (a[i][i] != 0)
        {
            continue;
        }
        bool found = false;
        // Searching a row r>I such that a[r][i]!= 0
        for (int r = i + 1; r < n; ++r)
        {
            if (a[r][i] != 0)
            {
                double *temp = a[r];
                a[r] = a[i];
                a[i] = temp;
                double t = b[r];
                b[r] = b[i];
                b[i] = t;
                found = true;
                break;
            }
        }
```

```
    if (found)
    {
        continue;
    }
    // Search a row r<i such that a[r][i]!= 0
    for (int r = 0; r < i; ++r)
    {
        if (a[r][i] != 0)
        {
            /* This row should be swapped to row j such that
               a[j][r]!=0 */
            for (int j = i + 1; j < n; ++j)
            {
                if (a[j][r] != 0)
                {
                    double *temp = a[j];
                    a[j] = a[i];
                    a[i] = a[r];
                    a[r] = temp;
                    double t = b[j];
                    b[j] = b[i];
                    b[i] = b[r];
                    b[r] = t;
                    found = true;
                    break;
                }
            }
            if (found)
            {
                break;
            }
        }
    }
    if (found)
    {
        continue;
    }
    else
```

```
    {
        return nullptr;
    }
}
/* Step 2: Make A be the iterative matrix and b be the iterative
     vector */
for (int i = 0; i < n; ++i)
{
    for (int j = 0; j < n; ++j)
    {
        if (i == j)
            continue;
        a[i][j] /= -a[i][i];
    }
    b[i] /= a[i][i];
    a[i][i] = 0;
}
double *x = new double[n];
// Step 3: Iterate till ||x - newx||<eps or k>iteration_bound
// Step 3_1: Initialization
for (int i = 0; i < n; ++i)
{
    x[i] = 0;
}
int k = 0;
// Step 3_2: Iteration
while (true)
{
    k++;
    // Calculate x and difference
    double diff = 0;
    for (int i = 0; i < n; ++i)
    {
        double prev_value = x[i];
        x[i] = b[i];
        for (int j = 0; j < n; ++j)
        {
            x[i] += a[i][j] * x[j];
```

```
            }
            diff = fmax(diff, fabs(prev_value - x[i]));
        }
        // Determine iteration stopping condition
        if (diff < eps)
        {
            break;
        }
        else if (k > iteration_bound)
        {
            delete[] x;
            return nullptr;
        }
    }
    return x;
}
#endif
```

执行程序：TestGaussSeidel.cpp

```
#include "GaussSeidel.h"
#include <iostream>
using namespace std;
/* 默认使用文件输入输出，若要使用控制行输入输出，将USE_FILE_IO变量赋
    值为false */
bool USE_FILE_IO = true;
const char *INPUT_FILE_PATH = "input.txt";
const char *OUTPUT_FILE_PATH = "output.txt";
int main()
{
    if (USE_FILE_IO)
    {
        freopen(INPUT_FILE_PATH, "r", stdin);
        freopen(OUTPUT_FILE_PATH, "w", stdout);
    }
    int n, iteration_bound;
    double eps;
    cerr << "输入系数矩阵的行数：";
    cin >> n;
```

```
    cerr << "输入误差限: ";
    cin >> eps;
    cerr << "输入迭代次数上限: ";
    cin >> iteration_bound;
    // 分配内存
    double **a = new double *[n];
    double *b = new double[n];
    for (int i = 0; i < n; ++i)
        a[i] = new double[n];
    cerr << "输入系数矩阵: \n";
    for (int i = 0; i < n; ++i)
        for (int j = 0; j < n; ++j)
            cin >> a[i][j];
    cerr << "输入列向量: \n";
    for (int i = 0; i < n; ++i)
        cin >> b[i];
    // 求解
    double *x = GaussSeidel(a, b, n, eps, iteration_bound);
    if (x == nullptr)
        cerr << "ERROR " << endl;
    else
    {
        // 打印结果到文件或控制行
        for (int i = 0; i < n; ++i)
            cout << x[i] << "\n";
    }
    return 0;
}
```

3) Python 高斯–赛德尔迭代法代码

文件 1-3-1：高斯–赛德尔迭代法 GaussSeidel.py

```
import numpy as np
def floatTransform(
        array_: np.ndarray,
        is_one_dimensional_array: bool
) -> np.ndarray:
    if is_one_dimensional_array:
```

```
        arr = [float(i) for i in array_]
    else:
        columns, rows = np.array(array_).shape
        floatArray = [float(i) for j in array_ for i in j]
        arr = np.array(floatArray).reshape(columns, rows)
    return arr
def GaussSeidel(
        arr: np.ndarray,  # the coefficient matrix of the linear
                          # equations
        b: np.ndarray,  # the constant vector of the linear
                        # equations
        epsilon: float, # error control
        time: int  # the max iteration number
) -> tuple:
    arr_ = floatTransform(arr, False)
    # Using "floatTransform" in "tools" module to transform
    # Let each element type of "arr" be float type
    x = [0] * len(arr)
    # The initial value of solution vector
    sigmaA = []
    k = 1
    while k <= time:
        xi = np.array([ele for ele in x])
        # If using "xi = x" here, the value of "err" will be zero
        # forever, because the assignment operation in Python is
        # "appoint transfer" not "value transfer"
        for i in range(len(arr_)):
            for j in range(len(arr_[0])):
                if i != j:
                    sigmaA.append(arr_[i][j] * x[j])
            sumSigmaA = sum(sigmaA)
            sigmaA = []
            x[i] = (b[i] - sumSigmaA) / arr_[i][i]
        err = max(abs(np.array(xi) - np.array(x)))
        if err < epsilon:
            break
    k += 1
    return x, k
```

执行程序:

```
if __name__ == '__main__':
    # 如6
    row_length = int(input('请输入矩阵的行长: '))
    # 如矩阵:
    #      4 -1 0 -1 0 0
    #      -1 4 -1 0 -1 0
    #      0 -1 4 0 0 -1
    #      -1 0 0 4 -1 0
    #      0 -1 0 -1 4 -1
    #      0 0 -1 0 -1 4
    # 输入形式为: 4 -1 0 -1 0 0 -1 4 -1 0 -1 0 0 -1 4 0 0 -1 -1
    #           0 0 4 -1 0 0 -1 0 -1 4 -1 0 0 -1 0 -1 4
    data = input(
    '请输入矩阵的所有元素, 元素之间以空格分隔: '
        ).split(' ')
    matrix = []
    row = []
    for i in range(len(data)):
        row.append(float(data[i]))
        if (i + 1) % row_length == 0:
            matrix.append(row)
            row = []
    # 如: 0 5 0 6 -2 6
    print(np.array(matrix))
    f_data = input('请输入列向量, 元素之间以空格分隔: ').split(' ')
    f = []
    for ele in f_data:
        f.append(float(ele))
    # 如: 0.00005
    eps = float(input('请输入差错控制: '))
    # 如: 1000
    max_times = int(input('请输入最大迭代次数: '))
    res = GaussSeidel(np.array(matrix), np.array(f), eps, max_times)
    print('result:')
    print(res)
```

运行该代码需在 cmd 命令行中使用 pip install numpy 安装依赖库.

2. 用松弛法解线性方程组, 并研究松弛因子对方程组解的影响

松弛法是高斯–赛德尔迭代法的一种改进, 在高斯–赛德尔迭代的修正项上乘一个因子来达到加速的目的. 需注意:

(1) 高斯–赛德尔迭代的修正项在程序实现时具体的表达形式;

(2) 采用不同的松弛因子 ω, 松弛法的收敛速度不一样, 理论上寻找一般矩阵的最佳松弛因子还是一个探讨中的问题, 可以通过程序对具体案例进行可视化研究.

参考程序

1) MATLAB 松弛法代码

文件 2-1-1: 松弛法 SOR.m

```
function [x,j]=SOR(a,b,N,e1,w)
[~,n]=size(a);
d=zeros(n,n);
l=zeros(n,n);
u=zeros(n,n);
for i1=1:n
    d(i1,i1)=a(i1,i1);
end
for i21=1:n-1
    for i22=i21+1:n
        l(i22,i21)=a(i22,i21);
    end
end
for i31=n:-1:2
    for i32=i31-1:-1:1
        u(i32,i31)=a(i32,i31);
    end
end
[c]=GaussJordanColumnInverseMatrix(d+w*l);
%见第3章高斯-若尔当列主元消元法求方阵的逆阵
x(:,1)=zeros(n,1);
for j=1:N
     x(:,j+1)=c*(d-w*d-w*u)*x(:,j)+c*w*b';
     [e]=fanshu(1,x(:,j+1)'-x(:,j)');
     %fanshu.m为定义范数的函数, 见本章文件1-1-1
```

```
        if e<=e1
        %当向量x(k+1)与x(k)的差的范数小于e1或迭代次数大于N时，程序结束
            break
        end
end
x=x(:,j+1);
```

执行程序:

```
a=input('a=');
%输入系数矩阵a
b=input('b=');
%输入常数向量b
w=input('w=');
%w为松弛系数
N=input('N=');
e1=input('e1=');
[x,j]=SOR(a,b,N,e1,w)
%x为SOR法求出的方程组的近似解，j为迭代次数
```

2) C++ 松弛法代码

文件 2-2-1：松弛法 SOR.h

```
#ifndef SOR_H
#define SOR_H
#include <math.h>
double *SOR(               // Solve x from Ax=b
    double **a,            // the matrix A
    double *b,             // the column vector b
    int n,                 // the size of A
    double omega,          // the factor of SOR
    double eps,            // the error boundary of solution
    int iteration_bound // max iteration number
)
{
    // Step 1: Swap rows, if a[i][i]=0 for all i
    for (int i = 0; i < n; ++i)
    {
        if (a[i][i] != 0)
```

```
        {
            continue;
        }
        bool found = false;
        // Search a row r>i such that a[r][i] !=0
        for (int r = i + 1; r < n; ++r)
        {
            if (a[r][i] != 0)
            {
                double *temp = a[r];
                a[r] = a[i];
                a[i] = temp;
                double t = b[r];
                b[r] = b[i];
                b[i] = t;
                found = true;
                break;
            }
        }
        if (found)
        {
            continue;
        }
        // Search a row r<i such  a[r][i]!=0
        for (int r = 0; r < i; ++r)
        {
            if (a[r][i] != 0)
            {
                /* This row should be swapped to row j such that
                   a[j][r] != 0 */
                for (int j = i + 1; j < n; ++j)
                {
                    if (a[j][r] != 0)
                    {
                        double *temp = a[j];
                        a[j] = a[i];
                        a[i] = a[r];
                        a[r] = temp;
```

```
                    double t = b[j];
                    b[j] = b[i];
                    b[i] = b[r];
                    b[r] = t;
                    found = true;
                    break;
                }
            }
            if (found)
            {
                break;
            }
        }
    }
    if (found)
    {
        continue;
    }
    else
    {
        return nullptr;
    }
}
// Step 2: Make the diagonal of A be 1
for (int i = 0; i < n; ++i)
{
    for (int j = 0; j < n; ++j)
    {
        if (i == j)
            continue;
        a[i][j] /= a[i][i];
    }
    b[i] /= a[i][i];
    a[i][i] = 1;
}
double *x = new double[n];
// Step 3: Iterate until ||x - newx||<eps or k>iteration_bound
// Step 3_1: Initialization
```

```
    for (int i = 0; i < n; ++i)
    {
        x[i] = 0;
    }
    // Step 3_2: Iteration
    int k = 0;
    while (true)
    {
        k++;
        // Calculate x and difference
        double diff = 0;
        for (int i = 0; i < n; ++i)
        {
            double delta_x = b[i];
            for (int j = 0; j < n; ++j)
            {
                delta_x -= a[i][j] * x[j];
            }
            delta_x *= omega;
            x[i] += delta_x;
            diff = fmax(diff, fabs(delta_x));
        }
        // Determine iteration stopping condition
        if (diff < eps)
        {
            break;
        }
        else if (k > iteration_bound)
        {
            delete[] x;
            return nullptr;
        }
    }
    return x;
}
#endif
```

执行程序：testSOR.cpp

```
#include "SOR.h"
#include <iostream>
using namespace std;
/* 默认使用文件输入输出，若要使用控制行输入输出，将USE_FILE_IO变量赋
    值为false */
bool USE_FILE_IO = true;
const char *INPUT_FILE_PATH = "input.txt";
const char *OUTPUT_FILE_PATH = "output.txt";
int main()
{
    if (USE_FILE_IO)
    {
        freopen(INPUT_FILE_PATH, "r", stdin);
        freopen(OUTPUT_FILE_PATH, "w", stdout);
    }
    int n, iteration_bound;
    double eps, omega;
    cerr << "输入系数矩阵的行数：";
    cin >> n;
    cerr << "输入松弛因子：";
    cin >> omega;
    cerr << "输入误差限：";
    cin >> eps;
    cerr << "输入迭代次数上限：";
    cin >> iteration_bound;
    // 分配内存
    double **a = new double *[n];
    double *b = new double[n];
    for (int i = 0; i < n; ++i)
        a[i] = new double[n];
    cerr << "输入系数矩阵：\n";
    for (int i = 0; i < n; ++i)
        for (int j = 0; j < n; ++j)
            cin >> a[i][j];
    cerr << "输入列向量：\n";
    for (int i = 0; i < n; ++i)
        cin >> b[i];
    // 求解
```

```
    double *x = SOR(a, b, n, omega, eps, iteration_bound);
    if (x == nullptr)
        cerr << "ERROR " << endl;
    else
    {
        // 打印结果到文件或控制行
        for (int i = 0; i < n; ++i)
            cout << x[i] << "\n";
    }
    return 0;
}
```

3) Python 松弛法代码

文件 2-3-1：松弛法 SOR.py

```
import numpy as np
def floatTransform(
        array_: np.ndarray,
        is_one_dimensional_array: bool
) -> np.ndarray:
    if is_one_dimensional_array:
        arr = [float(i) for i in array_]
    else:
        columns, rows = np.array(array_).shape
        floatArray = [float(i) for j in array_ for i in j]
        arr = np.array(floatArray).reshape(columns, rows)
    return arr
def SOR(
        arr: np.ndarray,
        b: np.ndarray,
        omega: float,
        epsilon: float,
        time: int
) -> tuple:
    x = [0] * len(arr)
    # The initial value of solution vector
    sigmaA = []
    k = 1
```

```
    while k <= time:
        xi = [ele for ele in x]
        for i in range(len(arr)):
            for j in range(len(arr[0])):
                if i != j:
                    sigmaA.append(arr[i][j] * x[j])
            sumSigmaA = sum(sigmaA)
            sigmaA = []
            x[i] = omega * (b[i] - sumSigmaA) / arr[i][i]
        err = max(abs(np.array(xi) - np.array(x)))
        if err < epsilon:
            break
        k += 1
    return x, k
```

执行程序:

```
if __name__ == '__main__':
    # 如3.
    row_length = int(input('请输入矩阵的行长: '))
    # 如矩阵:
    #     4 -1 0
    #     -1 4 -1
    #     0 -1 4
    # 输入形式为: 4 -1 0 -1 4 -1 0 -1 4
    data = input(
    '请输入矩阵的所有元素, 元素之间以空格分隔:
        ').split(' ')
    matrix = []
    row = []
    for i in range(len(data)):
        row.append(float(data[i]))
        if (i + 1) % row_length == 0:
            matrix.append(row)
            row = []
    # 如1 4 -3
    f_data = input(
    '请输入列向量, 元素之间以空格分隔: '
    ).split(' ')
```

```
f = []
for ele in f_data:
    f.append(float(ele))
# 如1.03
omega = float(input('请输入参数omega: '))
# 如0.000005
eps = float(input('请输入精度: '))
# 如: 1000
max_times = int(input('请输入最大迭代次数: '))
print(SOR(np.array(matrix), np.array(f), omega, eps, max_times))
```

运行该代码需在 cmd 命令行中使用 pip install numpy 安装依赖库.

第 5 章　函数的插值法

5.1　学 习 指 导

5.1.1　重点

1) 熟练掌握多项式插值法的基本概念、插值多项式的存在性与唯一性分析、拉格朗日 (Lagrange) 插值多项式的构造及截断误差分析、截断误差的实用估计式.

2) 掌握差商和差分的概念及性质, 掌握差商表和差分表的构造方法, 掌握牛顿插值法的构造方法; 理解等距节点下和非等距节点下利用差分表和差商表进行插值的特点.

3) 掌握埃尔米特 (Hermite) 插值法产生的原理及相关概念, 理解利用基函数构造埃尔米特插值多项式的思想方法.

4) 理解高次插值龙格 (Runge) 现象, 进而理解分段低次插值法的基本思想.

5.1.2　难点

1) 拉格朗日插值的基函数、拉格朗日插值多项式的构造以及拉格朗日插值多项式的截断误差分析.

2) 利用差商表构造牛顿插值多项式的思想方法.

3) 利用基函数的方法构造埃尔米特插值多项式的思想方法和过程.

4) 多项式插值余项公式的证明思路.

5.2　实 验 指 导

5.2.1　实验目的

通过实验理解常用的数值多项式插值方法：拉格朗日插值法、牛顿插值法及埃尔米特插值法; 对给定的数据点对, 求其近似插值多项式, 熟悉插值方法的算法和程序编写; 绘出插值多项式函数的曲线; 掌握运用常用数值插值方法处理实际问题的基本过程; 明确插值多项式、分段插值多项式的优缺点.

5.2.2 实验内容

1) 利用拉格朗日插值公式, 编写出插值多项式程序;

2) 对待插值问题用牛顿插值多项式进行程序编写, 比较其拉格朗日插值与牛顿插值的误差;

3*) 研究高次插值多项式和分段低次插值多项式的误差.

5.2.3 算法分析

现实问题中, 变量间的依赖关系往往可用数学中的函数来刻画; 通常这些函数的表达式是未知的, 或者函数已知但其形式非常复杂. 已知未知函数或复杂函数在某些节点处的信息, 如何近似表达这些函数、如何计算这些函数在其他节点处的函数值、构造的近似表达与真实函数之间的误差是多少, 数值插值方法就是解决这些问题的有效工具之一.

在对函数做插值时, 必须注意: 插值节点取得越多不代表插值余项就越小, 当节点增多时舍入误差的影响不能低估, 从而产生龙格现象. 为了克服高次插值的不足, 采用分段低次插值是理论和实际应用上的一个良好解决方案. 分段插值法能较好地逼近被插值函数, 只要节点间距充分小, 分段插值法总能获得所要求的精度, 而不会像高次插值那样发生龙格现象.

1. 利用拉格朗日插值多项式进行插值

拉格朗日插值有两个过程, 首先构造拉格朗日插值基函数, 然后将基函数组合成为最终的插值多项式. 对于给定的数据点对 $(x_k, y_k)(k=0,1,\cdots,n)$, 为每一个 x_k 构造一个 n 次插值基函数

$$l_k(x)=\frac{(x-x_0)\cdots(x-x_{k-1})(x-x_{k+1})\cdots(x-x_n)}{(x_k-x_0)\cdots(x_k-x_{k-1})(x_k-x_{k+1})\cdots(x_k-x_n)},$$

然后将这 n 个基函数组合成最终的多项式

$$p_n(x)=\sum_{k=0}^{n} l_k(x)y_k.$$

拉格朗日插值公式结构对称且紧凑也利于实现, 利用插值基函数也容易计算得插值多项式的值. 但是, 当插值节点增加或其节点位置发生变化时, 全部插值基函数均要随之发生改变, 整个插值公式的结构也发生变化, 这在实际计算中是非常不利的.

参考程序

1) MATLAB 拉格朗日插值法代码

文件 1-1-1：连乘公式 lag.m

```
function [l]=lag(a,x)
%构建拉格朗日插值基函数的连乘公式
[~,n]=size(a);
l=ones(1,n);
for i=1:n
    for j=1:n
        if j==i
            continue
        end
        l1(i)=x-a(j);
        l(i)=l(i)*l1(i);
    end
end
```

文件 1-1-2：拉格朗日插值 LagrangeInterpolation.m

```
function [p]=LagrangeInterpolation(a,b,x)
%a,b为已知数据点对，x为待插值节点
[~,n]=size(a);
p=0;
for i=1:n
    [l1]=lag(a,x);
    [l2]=lag(a,a(i));
    l(i)=l1(i)/l2(i);
    %拉格朗日插值基函数
    p1(i)=l(i)*b(i);
    p=p+p1(i);
end
```

执行程序:

```
a=input('a=');
%向量a为x的已知数据点
b=input('b=');
```

```
%向量b为f(x)的已知数据点
x=input('x=');
%x为所要求近似值的点
[p]=LagrangeInterpolation(a,b,x)
%p为x处对应f(x)的近似值
```

2) C++ 拉格朗日插值多项式代码

文件 1-2-1：多项式运算类 Polynomial.h

```
#ifndef POLYNOMIAL_H
#define POLYNOMIAL_H
#include <vector>
#include <iostream>
#include <math.h>
using namespace std;
inline int max(int a, int b) { return a > b ? a : b; }
class Polynomial
{
private:
    vector<double> a;
    void reformat()
    {
        while (a.size() != 0)
        {
            if (fabs(a[a.size() - 1]) <= 1e-7)
            {
                a.pop_back();
            }
            else
            {
                break;
            }
        }
    }

public:
    Polynomial()
    {
```

```
    }
    Polynomial(vector<double> b)
    {
        a = b;
        reformat();
    }
    int degree() const
    {
        return a.size() - 1;
    }
    double coef(int b) const
    {
        if (b < 0 || b > degree())
        {
            return 0;
        }
        else
        {
            return a[b];
        }
    }
    void setCoef(double x, int b)
    {
        if (0 <= b && b < a.size())
        {
            a[b] = x;
        }
    }
    Polynomial operator+(const Polynomial &b) const
    {
        vector<double> c(max(a.size(), b.a.size()), 0);
        for (int i = 0; i < c.size(); ++i)
        {
            c[i] = coef(i) + b.coef(i);
        }
        return Polynomial(c);
    }
    Polynomial operator-(const Polynomial &b) const
```

```
{
    vector<double> c(max(a.size(), b.a.size()), 0);
    for (int i = 0; i < c.size(); ++i)
    {
        c[i] = coef(i) - b.coef(i);
    }
    return Polynomial(c);
}
Polynomial operator+(const double k) const
{
    vector<double> c(a);
    if (c.size() == 0)
    {
        c.push_back(k);
    }
    else
    {
        c[0] = c[0] + k;
    }
    return Polynomial(c);
}
Polynomial operator-(const double k) const
{
    return (*this) + (-k);
}
Polynomial operator-() const
{
    vector<double> c(a.size(), 0);
    for (int i = 0; i < c.size(); ++i)
    {
        c[i] = -a[i];
    }
    return Polynomial(c);
}
Polynomial operator*(const Polynomial &b) const
{
    vector<double> c(degree() + b.degree() + 1, 0);
    for (int i = 0; i < c.size(); ++i)
```

```
    {
        for (int j = 0; j <= i; ++j)
        {
            c[i] += coef(j) * b.coef(i - j);
        }
    }
    return Polynomial(c);
}
Polynomial operator*(const double k) const
{
    vector<double> c(a);
    for (int i = 0; i < c.size(); ++i)
    {
        c[i] *= k;
    }
    return Polynomial(c);
}
Polynomial operator/(const double k) const
{
    vector<double> c(a);
    for (int i = 0; i < c.size(); ++i)
    {
        c[i] /= k;
    }
    return Polynomial(c);
}
double getValue(double x)
{
    double result = a.size() > 0 ? a[a.size() - 1] : 0;
    for (int i = a.size() - 2; i >= 0; --i)
    {
        result *= x;
        result += a[i];
    }
    return result;
}
friend ostream &operator<<(ostream &os, Polynomial &p)
{
```

```
        for (int i = p.a.size() - 1; i > 1; --i)
        {
            if (p.a[i] >= 0)
            {
                os << "+";
            }
            os << p.a[i] << "x^" << i << " ";
        }
        if (p.a.size() > 1)
        {
            if (p.a[1] >= 0)
            {
                os << "+";
            }
            os << p.a[1] << "x"
               << " ";
        }
        if (p.a.size() > 0)
        {
            if (p.a[0] >= 0)
            {
                os << "+";
            }
            os << p.a[0] << " ";
        }
        if (p.a.size() == 0)
        {
            os << "0"
               << " ";
        }
        return os;
    }
};
#endif
```

文件 1-2-2：拉格朗日插值法 LagrangeInterpolation.h

```
#ifndef LAGRANGE_INTERPOLATION_H
#define LAGRANGE_INTERPOLATION_H
```

```
#include "Polynomial.h"
#include <vector>
Polynomial Lagrange(vector<double> x, vector<double> y)
{
    // Initialize
    Polynomial result;
    Polynomial *p = new Polynomial[x.size()];
    for (int i = 0; i < x.size(); ++i)
    {
        p[i] = p[i] + y[i];
    }
    // construct l_i(x)
    for (int i = 0; i < x.size(); ++i)
    {
        vector<double> cv(2);
        cv[0] = -x[i];
        cv[1] = 1;
        Polynomial cp(cv);
        for (int j = 0; j < x.size(); ++j)
        {
            if (i == j)
            {
                continue;
            }
            p[j] = p[j] * cp;
            p[j] = p[j] / (x[j] - x[i]);
        }
    }
    for (int i = 0; i < x.size(); ++i)
    {
        result = result + p[i];
    }
    delete[] p;
    return result;
}
#endif
```

执行程序: TestLagrangeInterpolation.cpp

```
#include "LagrangeInterpolation.h"
#include <iostream>
using namespace std;
/* 默认使用文件输入输出，若要使用控制行输入输出，将USE_FILE_IO变量赋
    值为false */
bool USE_FILE_IO = true;
const char *INPUT_FILE_PATH = "input.txt";
const char *OUTPUT_FILE_PATH = "output.txt";
int main()
{
    if (USE_FILE_IO)
    {
        freopen(INPUT_FILE_PATH, "r", stdin);
        freopen(OUTPUT_FILE_PATH, "w", stdout);
    }
    int n, m;
    cerr << "输入点对的个数: ";
    cin >> n;
    cerr << "输入要求值的点的个数: ";
    cin >> m;
    double *xx = new double[n];
    double *yy = new double[n];
    double *x = new double[m];
    cerr << "输入" << n << "组点对(空格分隔): \n";
    for (int i = 0; i < n; ++i)
    {
        cin >> xx[i] >> yy[i];
    }
    cerr << "输入" << m << "个取值点: \n";
    for (int i = 0; i < m; ++i)
    {
        cin >> x[i];
    }
    vector<double> xxx(xx, xx + n);
    vector<double> yyy(yy, yy + n);
    Polynomial result = Lagrange(xxx, yyy);
    cout << result << endl;
    for (int i = 0; i < m; ++i)
```

```
    {
        cout << result.getValue(x[i]) << endl;
    }
}
```

代码执行说明：文件 1-2-1 的 Polynomial. h 功能是构建多项式运算类, 属于工具类, 服务于拉格朗日插值和牛顿插值运算.

3) Python 拉格朗日插值法代码

文件 1-3-1：拉格朗日插值法 Lagrange.py

```
import math
class Lagrange:
    def __init__(self, x_list: list, y_list: list, n_: int):
        self.x_list = x_list
        self.y_list = y_list
        if n_ == 0:
            raise ValueError(
                "the number of interpolation can't be zero."
            )
        if n_ > len(self.x_list) - 1:
            raise ValueError(
                "the number of interpolation must " +
                "smaller than length of x_list subtract one."
            )
        self.n = n_
        self._x_node_list = []
        self._y_node_list = []
def _check_index(self, x: int or float) -> int:
    # 选点
        for i in range(len(self.x_list) - 1):
            if self.x_list[i] < x < self.x_list[i + 1]:
                index = i
                break
            elif self.x_list[i] == x:
                return i
            elif self.x_list[i + 1] == x:
                return i + 1
        else:
```

```
            raise ValueError(
                "Value of node must greater than the minimum " +
                "value and smaller than the maximum value of \"
                    x_list\"."
            )
        return index
    def _create_interpolation_base_function(
            self, x_list: list, y_list: list
    ) -> str:
        numerator = []
        denominator = []
        function_part = []
        for each in x_list:
            numerator.append(f"(x - {each})")
            num = [ele for ele in x_list if ele != each]
            d = f"({each} - {num[0]})"
            for i in range(1, len(num)):
                d += f" * ({each} - {num[i]})"
            denominator.append(d)
        for i in range(len(x_list)):
            f1 = [ele for ele in numerator if ele != numerator[i]]
            func = f1[0]
            for index in range(1, len(f1)):
                func += f" * {f1[index]}"
            func += f" / ({denominator[i]})"
            func = f"{y_list[i]} * {func}"
            function_part.append(func)
        f = function_part[0]
        for i in range(1, len(function_part)):
            f += f" + {function_part[i]}"
        return f
    def _create_interpolation_function(
            self, x: int or float
    ) -> str or int or float:
        index = self._check_index(x)
        if index < self.n:
            self._x_node_list = self.x_list[: self.n + 1]
            self._y_node_list = self.y_list[: self.n + 1]
```

```
        elif index + 1 > len(self.x_list) - self.n:
            self._x_node_list = self.x_list[-self.n - 1:]
            self._y_node_list = self.y_list[-self.n - 1:]
        else:
            start = math.ceil(math.sqrt(index))
            self._x_node_list = self.x_list[start: start + self.n +
                1]
            self._y_node_list = self.y_list[start: start + self.n +
                1]

        return self._create_interpolation_base_function(
            self._x_node_list, self._y_node_list
        )
    def _eval_function(self, func: str, x: float or int):
        return eval(func)
    def interpolation(self, x: int or float) -> int or float:
        result = self._create_interpolation_function(x)
        if isinstance(result, float or int):
            return result
        else:
            return self._eval_function(result, x)
```

执行程序:

```
if __name__ == '__main__':
    # 如: 0.5 0.7 0.9 1.1 1.3 1.5 1.7 1.9
    x_data = input('请输入x值: ').split(' ')
    # 如 0.4794 0.6442 0.7833 0.8912 0.9636 0.9975 0.9917 0.9463
    y_data = input('请输入y值: ').split(' ')
    x = []
    for ele in x_data:
        x.append(float(ele))
    y = []
    for ele in y_data:
        y.append(float(ele))
    # 如2
    n = int(input('请输入插值次数: '))
    lagrange = Lagrange(x, y, n)
    # 如0.6
```

```
value = float(input('请输入插值点: '))
print(lagrange.interpolation(value))
```

该 Python 代码在执行拉格朗日插值前需根据插值次数进行选点操作.

2. 利用牛顿插值多项式进行插值

从程序设计角度可以看出：牛顿插值公式可以克服拉格朗日插值因增加节点而导致插值公式结构发生变化这个缺点, 它可以灵活地增加插值节点并进行逐次递推计算. 牛顿插值公式分为非等距节点和等距节点两种情况, 进行程序实现时需先分别建立差商表和差分表, 然后建立对应的牛顿插值公式. 等距节点牛顿插值公式分为前插公式和后插公式, 这两种方式在原理上是相同的只是形式上有差异. 注意到常规课本上的差商表和差分表并不是矩阵的形式, 为了方便计算机的存储, 我们需要把它改成矩阵形式, 最终构造的矩阵为下三角矩阵或上三角矩阵形式.

参考程序

1) MATLAB 牛顿插值法代码

文件 2-1-1：差商表 chashangbiao.m

```
function [a]=chashangbiao(x,f)
%构建差商表
[~,n]=size(f);
a(:,1)=f';
k=1;
for j=1:n-1
    for i=1:n-k
        a(i,j+1)=(a(i+1,j)-a(i,j))/(x(i+j)-x(i));
    end
    k=k+1;
end
```

文件 2-1-2：牛顿插值法 NewtonInterpolation.m

```
function [p]=NewtonInterpolation(x,y,a)
% x,y为已知数据点对, a为待插值节点
[~,n]=size(x);
[c]=chashangbiao(x,y);
```

```
p=y(1);
for j=1:n-1
    x1=1;
    for i=1:j
        x0=a-x(i);
        x1=x1*x0;
    end
    p1=x1*c(1,j+1);
    p=p+p1;
end
```

执行程序:

```
x=input('x=');
%输入向量x为表格中x的已知数据点
y=input('y=');
%输入向量y为表格中f(x)的已知数据点
a=input('a=');
%输入a为所要求近似值的点
[p]=NewtonInterpolation(x,y,a)
%输出p为a处用牛顿插值法所求的f(a)的近似值
```

文件 2-1-3：差分表 chafenbiao.m

```
function [a]=chafenbiao(f)
%为等距节点牛顿插值法构建差分表
[~,n]=size(f);
a(:,1)=f';
k=1;
for j=1:n-1
    for i=1:n-k
        a(i,j+1)=a(i+1,j)-a(i,j);
    end
    k=k+1;
end
```

文件 2-1-4：牛顿前插公式 NewtonForwardInterpolation.m

```
function [p]=NewtonForwardInterpolation(x,y,N,x0)
[a]=chafenbiao(y);
```

```
[~,n]=size(y);
n=n-1;
h=0.1;
t=(x0-x(N))/h;
p=y(N);
for j=1:n-2
    t1=1;
    for i=1:j
        t0=t-i+1;
        t1=t1*t0;
    end
    p1=t1*a(1,j+1)/factorial(j);
    p=p+p1;
end
```

执行程序:

```
x=input('x=');
%输入向量x为表格中x的已知数据点
y=input('y=');
%输入向量y为表格中f(x)的已知数据点
N=input('N=');
%输入N为向量x中临近x0的点的坐标位置
x0=input('x0=');
%输入x0为所要求近似值的点
[p]=NewtonForwardInterpolation(x,y,N,x0)
%输出p为在x0处用牛顿前插公式所求的f(x)的近似值
```

文件 2-1-5：牛顿后插公式 NewtonBackwardInterpolation.m

```
function [p]=NewtonBackwardInterpolation(x,y,N,x0)
[a]=chafenbiao(y);
[~,n]=size(y);
n=n-1;
h=0.1;
t=(x0-x(N))/h;
p=y(N);
for j=1:n-1
    t1=1;
    for i=1:j
```

```
        t0=t+i-1;
        t1=t1*t0;
    end
    p1=t1*a(n-j,j+1)/factorial(j);
    p=p+p1;
end
```

执行程序:

```
x=input('x=');
%输入向量x为表格中x的已知数据点
y=input('y=');
%输入向量y为表格中f(x)的已知数据点
N=input('N=');
%输入N为向量x中临近x0的点的坐标位置
x0=input('x0=');
%输入x0为所要求近似值的点
[p]=NewtonBackwardInterpolation(x,y,N,x0)
%输出p为x0处用牛顿后插公式所求的f(x)的近似值
```

2) C++ 牛顿插值法代码

文件 2-2-1：牛顿插值法 NewtonInterpolation.h

```
#ifndef NEWTON_INTERPOLATION_H
#define NEWTON_INTERPOLATION_H
#include "Polynomial.h"
class NewtonInterpolation
{
private:
    Polynomial p;
    Polynomial m;
    vector<double> xx;
    vector<double> d;
public:
    NewtonInterpolation()
    {
    }
    NewtonInterpolation(vector<double> x, vector<double> y)
    {
```

```
    for (int i = 0; i < x.size(); ++i)
    {
        addPoint(x[i], y[i]);
    }
}
void addPoint(double x, double y)
{
    if (xx.size() == 0)
    {
        // Initialize
        vector<double> mm(2, 1);
        mm[0] = -x;
        m = Polynomial(mm);
        p = p + y;
        xx.push_back(x);
        d.push_back(y);
    }
    else
    {
        double prev, crt = y;
        // update the differential table
        for (int i = 0; i < d.size(); ++i)
        {
            prev = d[i];
            d[i] = crt;
            crt = (d[i] - prev) / (x - xx[xx.size() - 1 - i]);
        }
        d.push_back(crt);
        // add a new item to the polynomial
        p = p + m * crt;
        // update m <- m*(x-newx)
        vector<double> mm(2, 1);
        mm[0] = -x;
        m = m * Polynomial(mm);
        xx.push_back(x);
    }
}
double getValue(double x)
```

```
    {
        return p.getValue(x);
    }
    Polynomial getPolynomial()
    {
        return p;
    }
};
#endif
```

 执行程序: TestNewtonInterpolation.cpp

```
#include "NewtonInterpolation.h"
#include <iostream>
using namespace std;
/* 默认使用文件输入输出，若要使用控制行输入输出，将USE_FILE_IO变量赋
    值为false */
bool USE_FILE_IO = true;
const char *INPUT_FILE_PATH = "input.txt";
const char *OUTPUT_FILE_PATH = "output.txt";
int main()
{
    if (USE_FILE_IO)
    {
        freopen(INPUT_FILE_PATH, "r", stdin);
        freopen(OUTPUT_FILE_PATH, "w", stdout);
    }
    int n, m;
    cerr << "输入点对的个数: ";
    cin >> n;
    cerr << "输入要求值的点的个数: ";
    cin >> m;
    double *xx = new double[n];
    double *yy = new double[n];
    double *x = new double[m];
    cerr << "输入" << n << "组点对(空格分隔): \n";
    for (int i = 0; i < n; ++i)
    {
        cin >> xx[i] >> yy[i];
```

```
    }
    cerr << "输入" << m << "个取值点: \n";
    for (int i = 0; i < m; ++i)
    {
        cin >> x[i];
    }
    vector<double> xxx(xx, xx + n);
    vector<double> yyy(yy, yy + n);
    NewtonInterpolation nl(xxx, yyy);
    Polynomial result = nl.getPolynomial();
    cout << result << endl;
    for (int i = 0; i < m; ++i)
    {
        cout << result.getValue(x[i]) << endl;
    }
}
```

代码执行说明：此牛顿插值法需要基于多项式运算类 Polynomial.h.

3) Python 等距节点牛顿插值法代码

文件 2-3-1：等距节点牛顿插值法 Newton.py

```
import math
class Newton:
    def__init__(self, x_list: list, y_list: list, n_: int):
        self.x_list = x_list
        self.y_list = y_list
        if n_ == 0:
            raise ValueError(
                "the number of interpolation can't be zero."
            )
        if n_ > len(self.x_list) - 1:
            raise ValueError(
                "the number of interpolation must " +
                "smaller than length of x_list subtract one."
            )
        self.n = n_
        self._table = self._create_difference_table()
def _check_index(self, x: int or float) -> int:
```

```
        # 选点
        for i in range(len(self.x_list) - 1):
            if self.x_list[i] < x < self.x_list[i + 1]:
                index = i
                break
            elif self.x_list[i] == x:
                return i
            elif self.x_list[i + 1] == x:
                return i + 1
        else:
            raise ValueError(
                "Value of node must greater than the minimum " +
                "value and smaller than the maximum value of \"
                    x_list\"."
            )
        return index
    def _create_difference_table(self) -> dict:
        difference_table = {"fx": self.y_list}
        difference_list = []
        for i in range(len(difference_table["fx"]) - 1):
            difference_list.append(
                difference_table["fx"][i + 1] - difference_table["fx
                    "][i]
            )
        difference_table["level1"] = difference_list
        for i in range(2, self.n + 1):
            difference_list = []
            for j in range(len(difference_table[f"level{i - 1}"]) -
                1):
                difference_list.append(
                    difference_table[f"level{i - 1}"][j + 1] -
                    difference_table[f"level{i - 1}"][j]
                )
            difference_table[f"level{i}"] = difference_list
        return difference_table
    def _forward_interpolation(self, t: int or float):
        difference_coefficient = []
        for each in list(self._table.items()):
```

```
                difference_coefficient.append(each[1][0])
            value = difference_coefficient[0]
            for i in range(1, len(difference_coefficient)):
                for j in range(1, i):
                    t *= t - j
                factorial_ = math.factorial(i)
                value += (t / factorial_) * difference_coefficient[i]
                t = 1
            return value
        def _backward_interpolation(self, t: int or float):
            difference_coefficient = []
            for each in list(self._table.items()):
                difference_coefficient.append(each[1][-1])
            value = difference_coefficient[0]
            for i in range(1, len(difference_coefficient)):
                for j in range(1, i):
                    t *= t + j
                factorial_ = math.factorial(i)
                value += (t / factorial_) * difference_coefficient[i]
                t = 1
            return value
        def interpolation(self, x: int or float) -> int or float:
            index = self._check_index(x)
            index_mid = len(self.x_list) >> 1
            if index < index_mid - 1:
                t = (x - self.x_list[0]) / (self.x_list[1] - self.x_list
                    [0])
                value = self._forward_interpolation(t)
            else:
                t = (x - self.x_list[-1]) / (self.x_list[-1] - self.x_
                    list[-2])
                value = self._backward_interpolation(t)
            return value
```

执行程序:

```
if __name__ == '__main__':
    # 如: 0.4 0.5 0.6 0.7 0.8 0.9
    x_data = input('请输入x值: ').split(' ')
```

```
# 如-0.916291 -0.693147 -0.510826 -0.357765 -0.223144 -0.105361
y_data = input('请输入y值: ').split(' ')
x = []
for ele in x_data:
    x.append(float(ele))
y = []
for ele in y_data:
    y.append(float(ele))
# 如4
n = int(input('请输入插值次数: '))
newton = Newton(x, y, n)
# 如0.78
value = float(input('请输入插值点: '))
print(newton.interpolation(value))
```

该 Python 代码在执行牛顿插值前需根据插值次数进行选点操作.

第 6 章　曲线拟合

6.1　学习指导

6.1.1　重点

1) 掌握最小二乘法的基本原理; 理解求解最小二乘问题与解对应法方程的等价性, 熟练构造最小二乘问题的法方程.

2) 掌握曲线拟合的最小二乘法, 探索拟合函数的选择与拟合精度间的关系; 熟练利用最小二乘法对经验函数进行参数辨识.

6.1.2　难点

利用法方程构造离散数据的最小二乘多项式拟合函数.

6.2　实验指导

6.2.1　实验目的

通过实验掌握曲线拟合的最小二乘法基本原理, 学会由离散点求多项式曲线拟合的最小二乘方法, 并用以解决实际数据拟合问题; 掌握运用曲线拟合处理问题的基本过程, 熟悉数据拟合的算法和程序编写; 绘出拟合函数的曲线, 用图像来探索拟合函数的选择与拟合精度间的关系; 学会利用最小二乘法对经验函数进行参数辨识; 理解插值法与数据拟合之间的区别.

6.2.2　实验内容

给定离散数据点对 $(x_k, y_k)(k = 1, 2, \cdots, m)$, 根据最小二乘原理用多项式函数 $p_n(x) = a_n x^n + a_{n-1}x^{n-1} + \cdots + a_1 x + a_0 (n + 1 < m)$ 进行数据拟合, 探索拟合函数次数的选择与拟合精度间的关系.

6.2.3 算法分析

研究用简单的函数或者性质好的函数去近似替代复杂的或未知的函数, 这是数值计算科学的基本任务. 插值法用插值多项式近似替代被插值函数, 对数值积分和数值微分方法的推导具有重要作用. 与插值法相比, 数据拟合的特点是它不要求知道被逼近函数 $f(x)$ 在节点处的精确值, 这使得拟合方法在处理带误差的实验数据时更加有效.

对离散数据进行最小二乘多项式拟合的基本步骤：首先, 由最小二乘原理将建立的矛盾方程组转化为对称的法方程 $Bu=C$, 其中

$$B=\begin{bmatrix}\sum 1 & \sum x_i & \cdots & \sum x_i^n\\ \sum x_i & \sum x_i^2 & \cdots & \sum x_i^{n+1}\\ \vdots & \vdots & & \vdots\\ \sum x_i^n & \sum x_i^{n+1} & \cdots & \sum x_i^{2n}\end{bmatrix},\quad u=\begin{bmatrix}a_0\\ a_1\\ \vdots\\ a_n\end{bmatrix},\quad C=\begin{bmatrix}\sum y_i\\ \sum x_i y_i\\ \vdots\\ \sum x_i^n y_i\end{bmatrix}.$$

其次, 对法方程进行线性方程组求解即可求得拟合曲线的回归系数 $a_0, a_1, \cdots, a_n$. 数据拟合算法建立在最小二乘原理基础上, 算法相对而言简单, 其关键步骤是根据实际需求建立矛盾方程组并将其转化为法方程. 获取法方程后即可对法方程进行线性方程组求解, 这步需调用第 3 章或第 4 章的线性方程组求解算法.

1. 用多项式函数对离散数据进行最小二乘拟合

参考程序

1) MATLAB 最小二乘拟合代码

文件 1-1-1：线性方程组高斯–若尔当法 GaussJordanEquation.m

```
function [x]=GaussJordanEquation(a)
%a为增广矩阵
s=size(a);
n=s(1);
for j=1:n
     a1=abs(a(j:n,1:n));
    [y1,y2]=find(a1==max(max(a1)));
    %找最大主元的位置
    a(y1(1)+j-1,:)=a(y1(1)+j-1,:)/max(max(a1));
    if a(y1(1)+j-1,y2)<0
        a(y1(1)+j-1,:)=-a(y1(1)+j-1,:);
```

```
    end
    a([y1(1)+j-1,j],:)=a([j,y1(1)+j-1],:);
    for i=1:n
        if i==j
            continue
        end
        a(i,:)=a(i,:)-a(i,y2(1))*a(j,:);
    end
[x1,~]=find(a(:,1:n));
b=a(:,n+1);
for k=1:n
    x(k)=b(x1(k));
    %x为方程组的解
end
```

文件 1-1-2：最小二乘法 LSQFitting.m

```
function [c]=LSQFitting(x,y,n)
[~,m]=size(x);
for i=1:n
    a(:,i)=x'.^(n+1-i);
end
a=[a,ones(m,1)];
y=a'*y';
b=a'*a;
b=[b,y];%建立法方程
[c]=GaussJordanEquation(b);
%调用高斯-若尔当消元法求解法方程
c=c';
```

执行程序:

```
x=input('x=');
%输入x的值
y=input('y=');
%输入y的值
n=input('n=');
%用n次多项式来拟合函数
[c]=LSQFitting(x,y,n)
```

```
%输出c为拟合多项式的系数
```

此代码调用高斯–若尔当消元法求解法方程.

2) C++ 最小二乘拟合代码

文件 1-2-1：矩阵运算类 Matrix.h

```
#ifndef MATRIX_H
#define MATRIX_H
#include <math.h>
#include <vector>
#include <iostream>
using namespace std;
class Matrix
{
private:
    int r, c;
    vector<vector<double>> a;

public:
    Matrix()
    {
        r = 0;
        c = 0;
    }
    Matrix(int rr, int cc)
    {
        r = rr;
        c = cc;
        a.resize(r);
        for (int i = 0; i < r; ++i)
        {
            a[i] = vector<double>(c);
            for (int j = 0; j < c; ++j)
            {
                a[i][j] = 0;
            }
        }
    }
```

```
    Matrix(vector<vector<double>> aa)
    {
        a = vector<vector<double>>(aa);
    }
    void setElement(int i, int j, double x)
    {
        if (0 <= i && i < r && 0 <= j && j < c)
        {
            a[i][j] = x;
        }
    }
    double getElement(int i, int j)
    {
        if (0 <= i && i < r && 0 <= j && j < c)
        {
            return a[i][j];
        }
        else
        {
            return NAN;
        }
    }
    int sizeR()
    {
        return r;
    }
    int sizeC()
    {
        return c;
    }
    Matrix operator+(const Matrix &b) const
    {
        if (r != b.r || c != b.c)
        {
            return Matrix();
        }
        Matrix result(r, c);
        for (int i = 0; i < r; ++i)
```

```
    {
        for (int j = 0; j < c; ++j)
        {
            result.a[i][j] = a[i][j] + b.a[i][j];
        }
    }
    return result;
}
Matrix operator-() const
{
    Matrix result(r, c);
    for (int i = 0; i < r; ++i)
    {
        for (int j = 0; j < c; ++j)
        {
            result.a[i][j] = -a[i][j];
        }
    }
    return result;
}
Matrix operator-(const Matrix &b) const
{
    return (*this) + (-b);
}
Matrix operator*(const Matrix &b) const
{
    if (c != b.r)
    {
        return Matrix();
    }
    Matrix result(r, b.c);
    for (int i = 0; i < r; ++i)
    {
        for (int j = 0; j < b.c; ++j)
        {
            for (int k = 0; k < c; ++k)
            {
                result.a[i][j] = result.a[i][j] + a[i][k] * b.a
```

```
                    [k][j];
            }
        }
    }
    return result;
}
Matrix trans() const
{
    Matrix result(c, r);
    for (int i = 0; i < c; ++i)
    {
        for (int j = 0; j < r; ++j)
        {
            result.a[i][j] = a[j][i];
        }
    }
    return result;
}
friend ostream &operator<<(ostream &out, Matrix &p)
{
    for (int i = 0; i < p.r; ++i)
    {
        for (int j = 0; j < p.c; ++j)
        {
            out << p.a[i][j] << "\t";
        }
        out << endl;
    }
    return out;
}
void swapRow(int i, int j)
{
    vector<double> t = a[i];
    a[i] = a[j];
    a[j] = t;
}
Matrix copy()
{
```

```
        Matrix result(r, c);
        for (int i = 0; i < r; ++i)
        {
            for (int j = 0; j < c; ++j)
            {
                result.a[i][j] = a[i][j];
            }
        }
        return result;
    }
};
#endif
```

文件 1-2-2：最小二乘拟合 LSQFitting.h

```
#ifndef LSQ_FITTING_H
#define LSQ_FITTING_H
#include "Matrix.h"
#include "GaussJordanColumn.h"
Matrix GaussJordanColumnMatrixForm(Matrix a, Matrix b)
{
    int n = a.sizeC();
    double **mat = (double **)calloc(n, sizeof(double *));
    for (int i = 0; i < n; ++i)
    {
        mat[i] = (double *)calloc(n + 1, sizeof(double));
    }
    for (int i = 0; i < n; ++i)
    {
        for (int j = 0; j < n; ++j)
        {
            mat[i][j] = a.getElement(i, j);
        }
        mat[i][n] = b.getElement(i, 0);
    }
    GaussJordanColumn(mat, n, 1);
    Matrix result(n, 1);
    for (int i = 0; i < n; ++i)
    {
```

```
        result.setElement(i, 0, mat[i][n]);
    }
    for (int i = 0; i < n; ++i)
    {
        free(mat[i]);
    }
    free(mat);
    return result;
}
Matrix LSQFitting(
    double *xx, // the x coordinate of points
    double *yy, // the y coordinate of points
    int m,      // the number of points
    int n       // the degree of fit-polynomial
)
{
    Matrix x(m, 1);
    Matrix y(m, 1);
    for (int i = 0; i < m; ++i)
    {
        x.setElement(i, 0, xx[i]);
        y.setElement(i, 0, yy[i]);
    }
    Matrix phi(x.sizeR(), n + 1);
    for (int i = 0; i < x.sizeR(); ++i)
    {
        double v = 1;
        for (int j = 0; j <= n; ++j)
        {
            phi.setElement(i, j, v);
            v = v * x.getElement(i, 0);
        }
    }
    Matrix B = phi.trans() * phi;
    Matrix C = phi.trans() * y;
    Matrix u = GaussJordanColumnMatrixForm(B, C);
        //高斯-若尔当列主元法
    return u;
```

```
}
#endif
```

执行程序:TestLSQFitting.cpp

```
#include "LSQFitting.h"
#include <iostream>
using namespace std;
/* 默认使用文件输入输出, 若要使用控制行输入输出, 将USE_FILE_IO变量赋
    值为false */
bool USE_FILE_IO = true;
const char *INPUT_FILE_PATH = "input.txt";
const char *OUTPUT_FILE_PATH = "output.txt";
int main()
{
    if (USE_FILE_IO)
    {
        freopen(INPUT_FILE_PATH, "r", stdin);
        freopen(OUTPUT_FILE_PATH, "w", stdout);
    }
    int m, n;
    cerr << "输入点对的个数: ";
    cin >> m;
    cerr << "输入拟合多项式的次数: ";
    cin >> n;
    double *x = new double[m];
    double *y = new double[m];
    cerr << "输入" << m << "个点对: \n";
    for (int i = 0; i < m; ++i)
    {
        cin >> x[i] >> y[i];
    }
    Matrix u = LSQFitting(x, y, m, n);
    cout << u << endl;
    return 0;
}
```

文件 1-2-1 的 Matrix.h 建立了矩阵运算类, 属于工具类, 辅助最小二乘拟合计算. 此代码使用了高斯–若尔当列主元法求解法方程.

3) Python 最小二乘拟合代码

文件 1-3-1：最小二乘拟合 polynomial_fitting.py

```
import math
from typing import List
import numpy as np
from numpy.linalg.linalg import solve
def polynomial_fitting(
        x_: List[float],
        y_: List[float],
        degree: int
) -> np.ndarray:
    # 声明矛盾方程组变量
    contradictory_equations: List[List[int]] = []
    # 构造矛盾方程组
    for i in range(len(x_)):
        row: List[int] = []
        for j in range(degree + 1):
            row.insert(0, x_[i] ** j)
        contradictory_equations.append(row)
    # 计算法方程
    normal_equation: np.ndarray = np.dot(
        np.array(contradictory_equations).T,
        np.array(contradictory_equations)
    )
    # 格式化y值
    f: np.ndarray = np.dot(
        np.array(contradictory_equations).T,
        np.array(y_)
    ).T
    # 利用numpy库求解法方程来计算拟合多项式的系数并返回
    return solve(normal_equation, f)
```

执行程序:

```
if __name__ == '__main__':
    # 如1.0 -0.75 -0.5 0.25 0 0.25
    x_data = input('请输入x中元素，元素之间以空格分隔：').split(' ')
    # 如0.2209 0.3295 0.8826 1.4392 2.003 2.5645
```

```
y_data = input('请输入y中元素，元素之间以空格分隔：').split(' ')
x = []
for ele in x_data:
    x.append(float(ele))
y = []
for ele in y_data:
    y.append(float(ele))
# 如1.
degree = int(input('请输入拟合多项式的次数：'))
print(polynomial_fitting(x, y, degree))
```

运行该代码需在 cmd 命令行中使用 pip install numpy 安装依赖库.

第7章 数值积分

7.1 学习指导

7.1.1 重点

1) 理解对 $\int_a^b f(x)dx$ 进行数值积分的意义和用简单可积函数代替被积函数 $f(x)$ 的基本思想.

2) 掌握插值型求积公式 (即 $P_n(x)$ 代替 $f(x)$) 的基本思想及牛顿–科茨 (Newton-Cotes) 求积公式的构造过程：梯形求积公式和辛普森 (Simpson) 求积公式; 掌握低阶牛顿–科茨求积公式及其余项, 了解其稳定性和收敛性; 理解数值积分代数精度的概念.

3) 掌握复化求积公式的基本思想、基本求积公式及其余项公式; 理解变步长求积方法的基本思想方法、掌握变步长求积方法、计算过程及其优越性.

4) 掌握龙贝格 (Romberg) 求积方法与理查森 (Richardson) 外推法的基本思想方法.

7.1.2 难点

1. 数值积分公式代数精度的理解和应用; 牛顿–科茨求积公式的稳定性和收敛性的证明.

2. 低阶复化牛顿–科茨求积公式及其余项公式的应用; 利用变步长求积方法的基本思想进行数值积分计算的过程及其优越性.

3*. 龙贝格求积方法和理查森外推法的基本思想.

7.2　实验指导

7.2.1　实验目的

通过实验清晰认识数值积分法产生的原理及意义, 由实验数据可视化展示理解数值积分精度与步长的关系; 掌握复化梯形公式、复化辛普森公式、龙贝格算法; 根据定积分的计算方法, 尝试考虑二重积分的数值计算问题.

7.2.2　实验内容

1) 采用复化梯形公式和复化辛普森公式, 编写数值积分程序, 并由数据可视化比较其结果. 分别取不同步长 $h=\dfrac{b-a}{n}$(如 $n=10,20,\cdots$), 试比较这两种计算公式的计算结果.

2*) 给定精度要求 ε, 试用变步长算法, 确定合适步长.

3*) 在复化梯形公式和复化辛普森公式程序基础上, 构造龙贝格求积算法.

7.2.3　算法分析

理论上定积分计算公式为 $\int_a^b f(x)dx = F(b)-F(a)$, 其中 $F(x)$ 是被积函数 $f(x)$ 的某个原函数. 但面临很多实际问题时, 上述公式却无能为力, 这是因为

(1) 被积函数 $f(x)$ 的原函数理论上存在, 但无法知道它可用于计算的表达式;

(2) 被积函数 $f(x)$ 本身没有可用于计算的表达式, 而仅仅是一种数表, 即只知道该函数在部分特殊点的函数值.

因此, 借助于插值理论是解决数值计算定积分的有效途径之一, 我们可以构造一个多项式函数 $P_n(x)$ 近似代替某个未知函数或复杂函数 $f(x)$, 于是可以近似计算该未知函数或复杂函数的定积分值.

1. 复化梯形公式和复化辛普森公式求解数值积分

为提高积分精度, 但又不能随意提高插值多项式的次数, 因此把积分区间 $[a,b]$ 分割成长度相等的多个小区间, 在每个小区间上分别应用低次插值的积分公式, 这是复化积分公式产生的原理. 在进行复化求积计算时, 可以在整个大区间上直接套用复化求积公式的系数直接计算, 但这种计算方式因公式系数固定不易向高次积分拓展; 另一种计算方式为在每个小区间上进行低次求积, 然后把各个小区间上的积分值组合相加, 这种计算方式计算量稍大, 但比较灵活并易于向高次积分拓展. 在算法设计过程中, 我们可以利用复化求积公式的误差估计式, 对指定的精度要求 ε, 调用复化求积公式的子程序, 求出 n 并确定步长 h.

参考程序

1) MATLAB 复化梯形公式代码

文件 1-1-1：复化梯形公式 CompositeTrapezoidalFormulaIntegral.m

```
function [I]=CompositeTrapezoidalFormulaIntegral(a,b,n,f)
%a,b为积分下、上限，n为区间等分数，f为被积函数
h=(b-a)/n;
g1=0;
for i=1:n-1
    f1=f(a+i*h);
    g1=g1+f1;
end
I=(h/2)*(f(a)+f(b)+2*g1);
```

执行程序:

```
a=input('a=');
%a为积分下限
b=input('b=');
%b为积分上限
n=input('n=');
%将区间n等分
f=input('f=');
%f为被积函数
[I]=CompositeTrapezoidalFormulaIntegral(a,b,n,f)
%输出I为复合梯形公式后积分的近似值
```

文件 1-1-2: 复化辛普森公式 CompositeSimpsonFormulaIntegral.mfunction

```
[I]=CompositeSimpsonFormulaIntegral(a,b,n,f)
%a,b为积分下、上限，n为区间等分数，f为被积函数
h=(b-a)/(2*n);
g1=0;
g2=0;
for i=1:n
    f1=f(a+2*i*h);
    f2=f(a+(2*i-1)*h);
```

```
    g1=g1+f1;
    g2=g2+f2;
end
I=(h/3)*(f(a)-f(b)+2*g1+4*g2);
```

执行程序:

```
a=input('a=');
%a为积分下限
b=input('b=');
%b为积分上限
n=input('n=');
%将区间n等分
f=input('f=');
%f为被积函数
[I]=CompositeSimpsonFormulaIntegral(a,b,n,f)
%输出I为复合辛普森公式后积分的近似值
```

代码执行说明：上述两种复化数值求积算法的设计均采用教材中相应复化公式, 将其系数代入直接进行计算.

2) C++ 复化牛顿–科茨公式代码

文件 1-2-1：复化牛顿–科茨公式 Integral.h

```
#ifndef INTEGRAL_H
#define INTEGRAL_H
#include <math.h>
static const int coefficient[5][6] = {{1, 1},
                                      {1, 4, 1},
                                      {1, 3, 3, 1},
                                      {7, 32, 12, 32, 7},
                                      {19, 75, 50, 50, 75, 19}};
double Integral(
    double (*f)(double), // the function
    double a,            // the left endpoint
    double b,            // the right endpoint
    int method           /* the method, 1 for trapezoidal; 2 for
                            simpson 3,4 and 5 for higher accuracy */
)
{
```

```
/*
method ==    1            Trapezoidal
             2            Simpson
             3, 4 and 5   Higher accuracy
*/
/*
Main idea:
Depents on method, split [a,b] to (n=method) parts.
Take (n+1) endpoints: a, a+h, a+2*h, ... , a+n*h (=b)
For each endpoints, mutiply f(a+i*h) by a specific coefficient(
   depents on method).
Add up and multiply a extra
coefficient(as (b-a)/count in code) to get the value of integral.
*/
/*
For more details of formulas and coefficients, see textbook page
    179.
Relation of symbols:
Textbook     Code
n       =    method
h       =    h
x_i     =    s  (in the begining of i-th loop)
*/
// Step 1: Calculate h for choose points
double h = (b - a) / method;
/* Step 2: Calculate and add up the values of the chosen points,
    with a specific coefficient multiplied. */
//          Meanwhile, calculate the extra coefficient.
double result = 0;
double s = a;
double count = 0;
for (int i = 0; i <= method; ++i)
{
    // Calculate and add up
    result += coefficient[method - 1][i] * (*f)(s);

    // Calculate the extra coefficient
    count += coefficient[method - 1][i];
```

```
        // Move to next point
        s += h;
    }
    /* Step 3: Multiply the extra coefficient to result, as to get
       the value of integral. */
    result *= (b - a) / count;
    return result;
}
double CompositeFormulaIntegral(
    double (*f)(double), // the function
    double a,            // the left endpoint
    double b,            // the right endpoint
    int n,               // number of split
    int method           /* the method, 1 for trapezoidal; 2 for
                            Simpson; 3,4 and 5 for higher accuracy*/
)
{
    /*
    method ==   1           Trapezoidal
                2           Simpson
                3, 4 and 5  Higher accuracy
    */
    /*
    Main idea:
    Calculate the integral using formula.
    */
    // Step 1: Calculate step for choose points
    double step = (b - a) / n / method;
    // Step 2: Calculate and add up the values.
    double result = 0;
    double s = a;
    for (int i = 0; i <= n * method; ++i)
    {
        if (i == 0 || i == n * method)
        {
            result += (*f)(s)*coefficient[method - 1][0];
        }
```

```
        else if (i % method == 0)
        {
            result += (*f)(s)*coefficient[method - 1][0] * 2;
        }
        else
        {
            result += (*f)(s)*coefficient[method - 1][i % method];
        }
        s += step;
    }
    /* Step 3: Calculate the extra coefficient, and multiply to the
        result. */
    int count = 0;
    for (int i = 0; i <= method; ++i)
    {
        count += coefficient[method - 1][i];
    }
    result *= (b - a) / count / n;

    return result;
}
double CompositeFormulaIntegral2(
    double (*f)(double), // the function
    double a,            // the left endpoint
    double b,            // the right endpoint
    int n,               // number of split
    int method           /* the method, 1 for trapezoidal; 2 for
                            simpson; 3,4 and 5 for higher accuracy*/
)
{
    // NOT OPTIMIZED VERSION
    /*
    method ==   1           Trapezoidal
                2           Simpson
                3, 4 and 5  Higher accuracy
    */
    /*
    Main idea:
```

```
    Split [a,b] to n parts, say [a,a+step], [a+step,a+2*step], ...,
        [a+i*step,a+(i+1)*step], ..., [a+(n-1)*step,b].
    Calculate and add up the integral of each part.
    */
    // Step 1: Calculate step for split
    double step = (b - a) / n;

    // Step 2: Calculate and add up the integral of each part
    double result = 0;
    double s = a;
    for (int i = 0; i < n; ++i)
    {
        /* Calculate and add up the integral of current part [s,s+
            step] */
        result += Integral(f, s, s + step, method);
        // Move to next part [s+step, s+2*step]
        s += step;
    }

    return result;
}
double VariantStepIntegral(
    double (*f)(double), // the function
    double a,            // the left endpoint
    double b,            // the right endpoint
    double eps,          // the error boundary for integral value
    double M             /* the control number, determine if use
                            relative error or not */
)
{
    /*
    Textbook page 183 algorithm.
    Simpson formula.
    */
    double T, h, s1, s2, diff, x, c;
    int n = 1;
    T = (*f)(a) + (*f)(b);
    h = b - a;
```

```
    s1 = INFINITY;
    while (true)
    {
        /*
        On the start of each loop:
        h - the length of each interval
        n - number of intervals
        T - sum of all values on the interval endpoints
        */
        /*
        The following loop calculates the sum of all values on the
            interval midpoints.
        Variable x through all midpoints.
        */
        x = a - h / 2;
        c = 0;
        for (int i = 0; i < n; ++i)
        {
            x += h;
            c += (*f)(x);
        }
        // New integral value
        s2 = (T + 4 * c) * h / 6;
        diff = s2 - s1;
        // Determine the use of relative error
        if (abs(s2) < M)
        {
            diff = diff / s2;
        }
        if (abs(diff) < eps)
        {
            return s2;
        }
        else
        {
            /*
            Divide the interval, so that previous midpoints become
                endpoints.
```

```
            */
            T = T + 2 * c;
            n *= 2;
            h /= 2;
            s1 = s2;
        }
    }
}
#endif
```

执行程序: testIntrgral.cpp

```
#include "Integral.h"
#include <math.h>
#include <iostream>
using namespace std;
double f(double x)
{
    return 1 / (1 + sin(x) * sin(x));
} // 函数f(x), 自行定义
int main()
{
    int n = 20;
    double left_endpoint = 0;
    double right_endpoint = 1;
    double eps = 1e-5;
    int M = 1e-5;
    // 算法相关参数, 自行定义
    cout << "n = " << n << endl;
    cout.precision(13);
    cout << "method 1: Trapezoidal  :\t" <<
    CompositeFormulaIntegral(f, left_endpoint, right_endpoint, n, 1)
        << endl;
    cout << "method 2: Simpson :\t\t" <<
    CompositeFormulaIntegral(f, left_endpoint, right_endpoint, n, 2)
        << endl;
    cout << "method 3: Second Simpson  :\t" <<
    CompositeFormulaIntegral(f, left_endpoint, right_endpoint, n, 3)
        << endl;
```

```
    cout << "method 4: Cotes :\t\t" <<
    CompositeFormulaIntegral(f, left_endpoint, right_endpoint, n, 4)
        << endl;
    cout << "method 5: ? :\t\t\t" <<
    CompositeFormulaIntegral(f, left_endpoint, right_endpoint, n, 5)
        << endl;
    cout << "Variant step method:\t\t" <<
    VariantStepIntegral(f, left_endpoint, right_endpoint, eps, M);
    return 0;
}
```

代码执行说明：该 C++ 复化数值积分算法设计并不单纯地代入教材中的复化公式的系数进行计算，而是形成一个综合的可拓展的复化牛顿–科茨公式：调用单区间的牛顿–科茨系数计算相应的牛顿–科茨公式积分值，然后将各个等距区间的积分值进行累加，所以该代码能够推广到高阶的复化求积计算. 在执行代码过程中，method 为各阶复化牛顿–科茨公式：method 取值 1 为复化梯形公式，method 取值 2 为复化辛普森公式，method 取值 3 或以上为更高阶的复化牛顿–科茨求积公式. VariantStepIntegral 为变步长的复化求积，以使数值积分达到指定的误差要求.

3) Python 复化梯形公式和复化辛普森公式代码

文件 1-3-1：复化梯形公式 composite_trapezoidal_formula.py

```
from typing import Callable
from sympy import *
from sympy.core.expr import Expr
from sympy.core.symbol import Symbol
from sympy.core.numbers import Float, Integer, Rational
def composite_trapezoidal_formula(
        variable: Symbol,
        target_function: Expr,
        a_: float,
        b_: float,
        precision_: float
):
    # 使用sympy库计算目标函数一阶导数
    first_derivative: Expr = target_function.diff(variable, 1)
    # 计算区间在y轴上的长度
```

```
    interval: Abs = Abs(
        first_derivative.evalf(subs={variable: b_}) -
        first_derivative.evalf(subs={variable: a_})
    )
    # 计算区间等分数
    step_number: Integer = Integer(
        ceiling(1 / (precision_ / interval * 12) ** 0.5)
    )
    # 计算步长
    h: Rational = (b_ - a_) / step_number
    # 根据复化梯形公式计算积分
    interval_integral = 0
    for i in range(1, step_number - 1):
        interval_integral += 2 * target_function.evalf(subs={
            variable: a_+ i * h})
    return (h / 2) * (
            target_function.evalf(subs={variable: a_}) +
            target_function.evalf(subs={variable: b_}) +
            interval_integral
    )
```

执行程序:

```
if __name__ == '__main__':
    x: Symbol = symbols('x')
    # 输入目标函数，例如：1/(1+sin(x)**2).
    y: Callable = eval(input('请输入目标函数：\n'))
    # 如0
    a = float(input('请输入积分下限：'))
    # 如1
    b = float(input('请输入积分上限：'))
    # 如0.00001
    precision = float(input('请输入精度：'))
    print('复化梯形公式积分结果：',
          composite_trapezoidal_formula(x, y, a, b, precision))
```

文件 1-3-2：复化辛普森公式 compound_simpson_formula.py

```
from typing import Callable
```

```
from sympy import *
from sympy.core.expr import Expr
from sympy.core.symbol import Symbol
from sympy.core.numbers import Float, Integer, Rational
def compound_simpson_formula(
        variable: Symbol,
        target_function: Expr,
        a_: float,
        b_: float,
        precision_: float
):
    # 使用sympy库计算目标函数三阶导数
    third_derivative: Expr = target_function.diff(variable, 3)
    # 计算区间在y轴上的长度
    interval: Abs = Abs(
        third_derivative.evalf(subs={variable: b_}) -
        third_derivative.evalf(subs={variable: a_})
    )
    # 计算区间等分数
    step_number: Integer = Integer(
        ceiling(1 / (precision_ / interval * 90) ** 0.25)
    )
    # 计算步长
    h: Rational = (b_ - a_) / step_number
    # 根据复合辛普森公式计算积分
    interval_integral: int = 0
    # 计算各个步长区间的积分
    for i in range(1, step_number - 1):
        interval_integral += \
            2 * target_function.evalf(subs={variable: a_ + 2 * i * h
              }) + \
            4 * target_function.evalf(subs={variable: a_ + (2 * i -
              1) * h})

    # 对各个步长区间积分求和
    return (h / 3) * (
            target_function.evalf(subs={variable: a_}) -
            target_function.evalf(subs={variable: b_}) +
```

```
            interval_integral
    )
```

执行程序:

```
if __name__ == '__main__':
    x: Symbol = symbols('x')
    # 输入目标函数, 例如: 1/(1+sin(x)**2)
    y: Callable = eval(input('请输入目标函数: \n'))
    # 如0
    a = float(input('请输入积分下限: '))
    # 如1
    b = float(input('请输入积分上限: '))
    # 如0.00001
    precision = float(input('请输入精度: '))
    print('复化辛普森公式积分结果: ',
          compound_simpson_formula(x, y, a, b, precision))
```

代码执行说明：该代码是基于变步长的复化求积方法, 现根据指定的精度要求求出需要的求积区间的等分数, 在此基础上进行复化梯形求积和复化辛普森求积. 对于不同步长, 该 Python 代码直接采用复化求积公式来进行计算. 运行该代码需在 cmd 命令行中使用 pip install scipy 安装依赖库.

第 8 章　矩阵特征值与特征向量的计算

8.1　学 习 指 导

8.1.1　重点

1) 熟悉方阵的特征值与特征向量的定义, 了解特征值的性质及特征值在矩阵和线性代数中的重要性.

2) 掌握幂法的基本原理和计算方法, 熟练用幂法来计算矩阵的按模最大的特征值及对应的特征向量; 掌握反幂法求解特征值和特征向量的原理和计算方法, 熟练用反幂法来计算矩阵的按模最小的特征值及对应的特征向量.

3) 掌握原点平移法的原理和计算方法; 熟练利用原点平移法求给定值附近的特征值和特征向量.

4*) 掌握雅可比方法计算对称矩阵的所有特征值和特征向量, 加深对线性代数中关于相似矩阵、正交矩阵的理解, 特别是平面旋转矩阵的特点.

8.1.2　难点

1) 理解矩阵的特征值与特征向量的内在性质.

2) 掌握幂法和反幂法的原理.

3) 掌握原点平移法的计算原理.

4*) 理解平面旋转和正交矩阵的关系, 理解正交变换的特点.

8.2　实 验 指 导

8.2.1　实验目的

1) 通过数值实验掌握求矩阵部分特征值的方法, 掌握幂法和反幂法的具体算法; 理解原点平移法基本原理, 掌握反幂法及原点平移法的程序设计技巧.

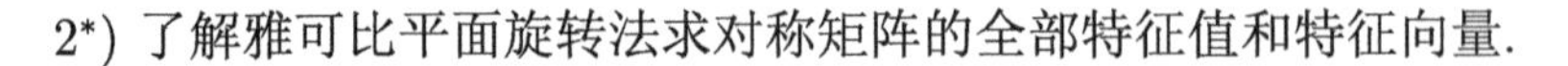

2*) 了解雅可比平面旋转法求对称矩阵的全部特征值和特征向量.

8.2.2 实验内容

1) 利用幂法或反幂法, 求方阵 A 的按模最大或按模最小特征值及其对应的特征向量.

2*) 对原点平移法进行数值编程, 求解矩阵的特征值和特征向量, 并分析其解的收敛情况.

8.2.3 算法分析

n 阶方阵 A 的解特征值为 n 次特征多项式方程 $|\lambda l - A| = 0$ 的根, 利用已有的非线性方程的数值解法能够近似计算方阵 A 的部分特征值, 但要求出特征方程所有的根还存在很多困难.

在很多科学与工程问题中, 往往求矩阵的部分特征值具有重要的实际意义, 如矩阵谱半径归于求矩阵按模最大特征值, 稳定性问题归于求矩阵按模最小特征值. 幂法可以求解矩阵的按模最大的特征值及其对应的特征向量, 其算法基本思想: 任取一个非零的 n 维初始向量 v_0, 由矩阵 A 构造向量序列 $v_k = Av_{k-1}$, 直至 v_k 与 v_{k-1} 的分量之比稳定达到预先指定的误差范围, 迭代终止. 此时, 我们需要定义一个向量范数来衡量这个分量之比达到稳定. 幂法算法思路简洁明了, 而且实现简单, 但在实施的过程中存在迭代向量的分量溢出现象, 此时需对向量 v_k 进行规范化处理即幂法的改进. 同时, 迭代向量序列收敛的速度与 $\left|\dfrac{\lambda_2}{\lambda_1}\right|$ 有关, $\left|\dfrac{\lambda_2}{\lambda_1}\right|$ 越小收敛速度越快.

可逆矩阵 A 的主特征值对应于其逆矩阵 A^{-1} 的按模最小特征值. 类似地, 设 $B = A - PI$, 求 B 的特征根 λ_B 相当于把原点移到 P 处, 若求得 λ_B 即可求得 λ_A, 从而可以辅助加快迭代向量收敛速度. 但在解决实际问题时, 并不知道 A 的特征根, 所以无法确定 P. 所以在程序实施时, 如果发现收敛速度变慢时, 我们可以适当移动原点达到迭代向量加速收敛的效果. 如果当知道某一特征根大致在什么位置上时, 将原点平移法与反幂法相结合, 收敛效果很好. 在进行反幂法及原点平移法具体实现时, 我们仍需要像幂法的操作一样定义一个向量范数使得迭代向量达到某个指标稳定, 同时我们也需对迭代的向量进行规范化处理以防分量溢出.

1. 利用幂法或反幂法, 求方阵 A 的按模最大或按模最小特征值及其对应的特征向量

参考程序

1) MATLAB 幂法代码

文件 1-1-1：幂法 PowerMethod.m

```
function [EigVal,EigVec,k]= PowerMethod(A,eps,MaxIter )
%幂法
% eps为误差界, MaxIter为最大迭代步数
n=length(A);
u=ones(n,1);
k=0;
p0=zeros(n,1);
while k<MaxIter
        v=A*u; %构建向量列
        p=v./u;
        if max(abs(p-p0))<eps %收敛性判定
            EigVal=p(1);
            EigVec=u;
            break;

        end
        p0=p;
        u=v;
        k=k+1;
end
```

执行程序:

```
A=input('A=');
%输入A为待求主特征值和主特征向量的矩阵
eps=input('eps=');
%输入eps为误差界, 判定迭代收敛性
MaxIter=input('MaxIter=');
%输入MaxIter为最大迭代次数
[EigVal,EigVec,k]=PowerMethod(A,eps,MaxIter )
%输出方阵A的主特征值EigVal和主特征向量EigVec
```

文件 1-1-2：改进幂法 ImprPowerMethod.m

```
function [EigVal,EigVec,k]= ImprPowerMethod(A,eps,MaxIter)
%反幂法
% eps为误差界, MaxIter为最大迭代步数
n=length(A);
u=ones(n,1);
k=0;
p0=zeros(n,1);
while k<MaxIter
        v=A*u;
        m=fanshu(inf,v);
        v=v./m;  %向量规范化
        p=v./u;
       if max(abs(p-p0))<eps%收敛性判定
           EigVal=p(1);
           EigVec=u;
          break;
       end
       p0=p;
       u=v;
       k=k+1;
end
```

执行程序:

```
A=input('A=');
%输入A为待求主特征值和主特征向量的矩阵
eps=input('eps=');
%输入eps为误差界, 判定迭代收敛性
MaxIter=input('MaxIter=');
%输入MaxIter为最大迭代次数
[EigVal,EigVec,k]=ImprPowerMethod(A,eps,MaxIter)
%输出方阵A的主特征值EigVal和规范化后的主特征向量EigVec
```

幂法与幂法的改进唯一的区别在于对迭代向量的规范化. 上述算法中判定迭代收敛稳定采用的指标是 v_k 与 v_{k-1} 的分量之比形成的向量, 也可定义另外的指标来衡量稳定. 算法代码采用的是无穷大范数, 也可以采用第 4 章实验中的其他不同种范数. 幂法的改进采用无穷大范数进行向量规范化, 也可采用其他的范数进行规范化.

2) C++ 幂法代码

文件 1-2-1：反幂法与原点平移法相结合 PowerMethod.h

```
#ifndef POWER_METHOD_H
#define POWER_METHOD_H
#include <math.h>
void Doolittle(double **a, int n)
{
    for (int i = 0; i < n; i++)
    {
        for (int j = i; j < n; j++)
        {
            double sum = 0;
            for (int k = 0; k < i; k++)
                sum += a[i][k] * a[k][j];
            a[i][j] = a[i][j] - sum;
        }
        for (int j = i + 1; j < n; j++)
        {
            double sum = 0;
            for (int k = 0; k < i; k++)
                sum += a[j][k] * a[k][i];
            a[j][i] = (a[j][i] - sum) / a[i][i];
        }
    }
}
void Solve(double *u, double **a, int n)
{
    for (int i = 0; i < n; i++)
    {
        double sum = 0;
        for (int j = 0; j <= i - 1; j++)
            sum += a[i][j] * u[j];
        u[i] -= sum;
    }
    for (int i = n - 1; i >= 0; i--)
    {
        double sum = 0;
```

```
        for (int j = i + 1; j < n; j++)
            sum += a[i][j] * u[j];
        u[i] = (u[i] - sum) / a[i][i];
    }
}
double Vmax(double *u, int n)
{
    double max = u[0];
    for (int i = 0; i < n; i++)
    {
        if (fabs(max) < fabs(u[n]))
        {
            max = u[n];
        }
    }
    return max;
}
double PowerMethod(
    double **a,          // the matrix
    int n,               // size of the matrix
    double *u,           // the initial vector
    double p,            // the scaling factor
    double eps,          // the error boundary of eigenvalue
    int iteration_bound // max iteration number
)
{
    // Step 1: 原点平移
    for (int i = 0; i < n; ++i)
    {
        a[i][i] -= p;
    }
    // Step 2: LU分解
    Doolittle(a, n);
    // Step 3: 迭代
    double prev_vmax = INFINITY;
    for (int k = 0; k < iteration_bound; ++k)
    {
        // Step 3_1: 通过解方程作一次迭代
```

```
        Solve(u, a, n);
        // Step 3_2: 计算规范化系数vmax
        double vmax = Vmax(u, n);
        // Step 3_3: 将u的长度规范化
        for (int i = 0; i < n; ++i)
        {
            u[i] /= vmax;
        }
        // Step 3_4: 判断误差条件
        if (fabs(1 / vmax - 1 / prev_vmax) < eps)
        {
            return 1 / vmax + p;
        }
        prev_vmax = vmax;
    }
    // Maximal iteration time exceed.
    return NAN;
}
#endif
```

执行程序: TestPowerMethod.cpp

```
#include "PowerMethod.h"
#include <iostream>
using namespace std;
/* 默认使用文件输入输出，若要使用控制行输入输出，将USE_FILE_IO变量赋
    值为false. */
bool USE_FILE_IO = true;
const char *INPUT_FILE_PATH = "input.txt";
const char *OUTPUT_FILE_PATH = "output.txt";
int main()
{
    if (USE_FILE_IO)
    {
        freopen(INPUT_FILE_PATH, "r", stdin);
        freopen(OUTPUT_FILE_PATH, "w", stdout);
    }
    int n, iteration_bound;
    double p, eps, eig;
```

```
    cerr << "输入矩阵大小: ";
    cin >> n;
    cerr << "输入平移参数: ";
    cin >> p;
    cerr << "输入误差限: ";
    cin >> eps;
    cerr << "输入迭代次数上限: ";
    cin >> iteration_bound;
    double **a = new double *[n];
    for (int i = 0; i < n; ++i)
        a[i] = new double[n];
    double *u = new double[n];
    cerr << "输入矩阵: \n";
    for (int i = 0; i < n; ++i)
        for (int j = 0; j < n; ++j)
            cin >> a[i][j];
    cerr << "输入初始向量: \n";
    for (int i = 0; i < n; ++i)
        cin >> u[i];
    // 求解
    eig = PowerMethod(a, n, u, p, eps, iteration_bound);
    if (isnan(eig))
    {
        cerr << "ERROR" << endl;
    }
    else
    {
        // 把结果输出在文件或控制行
        cout << eig << endl;
        for (int i = 0; i < n; ++i)
        {
            cout << u[i] << endl;
        }
    }
    return 0;
}
```

以上代码是反幂法与原点平移法相结合, 对迭代向量采用无穷大范数进行规范化, 并用求解线性方程组的杜利特尔方法避开求解方阵 A 的逆阵.

3) Python 改进幂法代码

文件 1-3-1：改进幂法 ImprPowerMethod.py

```
import numpy as np
def ImprPowerMethod(M, tol):
    """
    使用幂法求矩阵的最大实特征值的近似值.
    M: 给定的矩阵, ndarray类型, tol: 允许的误差上界, eig: 返回的主特
        征值近似值
    """
    m = M.shape[0]
    v0 = np.ones((m, 1))
    v1 = M @ v0
    k = 0
    while np.abs(np.max(v0) - np.max(v1)) > tol: #收敛性判定
        v0 = v1
        v1 = M @ (v1 / np.max(v1))
        k += 1
        print(k)
    print(f'共迭代{k}次')
    eig = np.max(v1)
    v = v1 / eig
    return eig, v
```

执行程序:

```
if __name__ == '__main__':
    # 如3
    row_length = int(input('请输入矩阵的行长: '))
    # 如矩阵:
    #     1.6 2 3
    #     2 3.6 4
    #     3 4 5.6
    # 输入形式为 1.6 2 3 2 3.6 4 3 4 5.6
    data = input('请输入矩阵的所有元素, 元素之间以空格分隔: ').split
        (' ')
    matrix = []
    row = []
    for i in range(len(data)):
```

```
            row.append(int(data[i]))
            if (i + 1) % row_length == 0:
                matrix.append(row)
                row = []
                # 如0.0001
    tol = float('请输入精度: ')
    eig, v = ImprPowerMethod(np.array(matrix), tol)
    print(eig)
    print(v)
```

运行该代码需在 cmd 命令行中使用 pip install numpy 安装依赖库. 该算法为幂法的改进, 采用了无穷大范数进行向量规范化处理.

2*. 雅可比法求所有特征值和特征向量

1) C++ 雅可比法代码

文件 2-1-1：雅可比法 JacobiMethod.h

```
#ifndef JACOBI_METHOD_H
#define JACOBI_METHOD_H
#include <math.h>
inline double sign(double x) { return x >= 0 ? 1 : -1; }
int JacobiMethod(
    double **a,          // the matrix
    int n,               // size of the matrix
    double **r,          // the matrix to store the result
    double eps,          // the error boundary
    int iteration_bound // max iteration time
)
{
    // Step 1: 构造单位矩阵R
    for (int i = 0; i < n; ++i)
    {
        for (int j = 0; j < n; ++j)
        {
            r[i][j] = 0;
        }
        r[i][i] = 1;
    }
```

```
// Step 2: 计算控制迭代的相关参数
double sum = 0;
for (int i = 0; i < n; i++)
    for (int j = i + 1; j < n; j++)
        sum += a[i][j] * a[i][j];
double n1 = sqrt(2 * sum);
double n2 = (eps / n) * n1;
// Step 3: 迭代
int iter_time = 0;
while (n1 > n2)
{
    n1 = n1 / n;
    bool change = true;
    while (change)
    {
        iter_time++;
        change = false;
        for (int i = 0; i < n; i++)
        {
            for (int j = i + 1; j < n; j++)
            {
                if (fabs(a[i][j]) >= n1)
                {
                    // 进行平面旋转变换
                    change = true;
                    double d = (a[i][i] - a[j][j]) / (2 * a[i][j
                        ]);
                    double t = sign(d) / (fabs(d) + sqrt(1 + d *
                         d));
                    double c = 1 / sqrt(1 + t * t);
                    double s = t / sqrt(1 + t * t);
                    for (int k = 0; k < n; k++)
                    {
                        if (k != i && k != j)
                        {
                            double a1 = a[k][i];
                            a[k][i] = a[k][i] * c + a[k][j] * s;
                            a[k][j] = a[k][j] * c - a1 * s;
```

```
                        }
                    }
                    for (int k = 0; k < n; k++)
                    {
                        double a1 = r[k][i];
                        r[k][i] = r[k][i] * c + r[k][j] * s;
                        r[k][j] = r[k][j] * c - a1 * s;
                        a[i][k] = a[k][i];
                        a[j][k] = a[k][j];
                    }
                    double a1 = a[i][i];
                    a[i][i] = a[i][i] * c * c + a[j][j] * s * s
                        + 2 * a[i][j] * c * s;
                    a[j][j] = a1 * s * s + a[j][j] * c * c - 2 *
                        a[i][j] * c * s;
                    a[i][j] = 0;
                    a[j][i] = 0;
                }
            }
        }
        if (iter_time > iteration_bound)
        {
            return -1;
        }
    }
  }
  return 0;
}
#endif
```

执行程序: TestJacobiMethod.cpp

```
#include "JacobiMethod.h"
#include <iostream>
using namespace std;
/* 默认使用文件输入输出，若要使用控制行输入输出，将USE_FILE_IO变量赋
   值为false. */
bool USE_FILE_IO = true;
const char *INPUT_FILE_PATH = "input.txt";
```

```
const char *OUTPUT_FILE_PATH = "output.txt";
int main()
{
    if (USE_FILE_IO)
    {
        freopen(INPUT_FILE_PATH, "r", stdin);
        freopen(OUTPUT_FILE_PATH, "w", stdout);
    }
    int n, iteration_bound;
    double eps;
    cerr << "输入矩阵大小: ";
    cin >> n;
    cerr << "输入误差限: ";
    cin >> eps;
    cerr << "输入迭代次数上限: ";
    cin >> iteration_bound;
    double **a = new double *[n];
    for (int i = 0; i < n; ++i)
        a[i] = new double[n];
    double **r = new double *[n];
    for (int i = 0; i < n; ++i)
        r[i] = new double[n];
    cerr << "输入矩阵: \n";
    for (int i = 0; i < n; ++i)
        for (int j = 0; j < n; ++j)
            cin >> a[i][j];
    // 求解
    int flag = JacobiMethod(a, n, r, eps, iteration_bound);
    if (flag == -1)
    {
        cerr << "ERROR" << endl;
    }
    else
    {
        // 把结果输出在文件或控制行
        for (int i = 0; i < n; ++i)
        {
            cout << a[i][i] << endl;
```

```
        }
        cout << endl;
        for (int i = 0; i < n; ++i)
        {
            for (int j = 0; j < n; ++j)
            {
                cout << r[j][i] << endl;
            }
            cout << endl;
        }
    }
    return 0;
}
```

该雅可比法代码求解矩阵 A 的所有特征值和特征向量, 该算法的难点在雅可比过关的关口设置以及平面旋转变换的计算.

参 考 文 献

[1] 金一庆, 陈越, 王冬梅. 2006. 数值方法. 2 版. 北京: 机械工业出版社.

[2] 沈艳, 杨丽宏, 王立刚, 等. 2014. 高等数值计算. 北京: 清华大学出版社.

[3] 爨莹, 2014. 数值计算方法: 算法及其程序设计. 西安: 西安电子科技大学出版社.

[4] 令锋, 傅守忠, 陈树敏, 等. 2015. 数值计算方法. 2 版. 北京: 国防工业出版社.

[5] 黄云清, 舒适, 陈艳萍, 等. 2009. 数值计算方法. 北京: 科学出版社.

[6] 李庆扬, 王能超, 易大义. 2008. 数值分析. 5 版. 北京: 清华大学出版社.

[7] 颜庆津, 2012. 数值分析. 4 版. 北京: 北京航空航天大学出版社.

[8] 王能超. 2003. 数值分析简明教程. 2 版. 北京: 高等教育出版社.

[9] 易大义, 陈道琦. 1998. 数值分析引论. 杭州: 浙江大学出版社.

[10] Nocedal J, Wright S J. 2019. 数值最优化 (影印英文版). 2 版. 北京: 科学出版社.

[11] 何渝. 2003. 计算机常用数值算法与程序 (C++ 版). 北京: 人民邮电出版社.

[12] Johansson R. 2010. Python 科学计算和数据科学应用. 2 版. 黄强, 译. 北京: 清华大学出版社.

[13] Chapra S C. 2017. 工程与科学数值方法的 MATLAB 实现. 4 版. 林赐, 译. 北京: 清华大学出版社.

[14] Sauer T. 2014. 数值分析 (原书第 2 版). 裴玉茹, 马赓宇, 译. 北京: 机械工业出版社.

[15] Kincaid D, Cheney W. 2005. 数值分析 (原书第 3 版). 王国荣, 俞耀明, 徐兆亮, 译. 北京: 机械工业出版社.

[16] Gerald C, Wheatley P O. 2006. 应用数值分析 (原书第 7 版). 白峰杉, 改编. 北京: 高等教育出版社.

[17] Quarteroni A, Sacco R, Saleri F. 2007. Numerical Mathematics. New York: Springer.